HISTOIRE GÉNÉRALE

DE LA

POMME DE TERRE

ET

TRAITÉ COMPLET

DE LA MALADIE SPÉCIALE DE 1845.

HISTOIRE GÉNÉRALE

DE LA

POMME DE TERRE,

ET

TRAITÉ COMPLET

DE LA MALADIE SPÉCIALE

QUI RÈGNE SUR CETTE PLANTE DEPUIS 3 ANS;

OUVRAGE CONTENANT :

1° L'histoire de l'importation et de la propagation de la Pomme de terre en Europe ; — 2° L'étude de son organisation et de sa composition ; — 3° Un tableau de ses diverses espèces ; — 4° Un traité sur les maladies auxquelles elle est sujette, et plus spécialement sur la maladie dont elle est affectée depuis trois ans ; — 5° Les moyens de prévenir cette terrible maladie et de l'anéantir ; — 6° Les moyens de préserver les tubercules de la pourriture et de les conserver sains jusqu'à la nouvelle récolte ; — 7° Le détail des nombreux emplois de la pomme de terre dans l'agriculture, l'économie domestique, l'industrie, les arts et la médecine ; — 8° Les différentes manières de l'apprêter pour la nourriture des hommes ; — 9° Les procédés pour en extraire la fécule et la dextrine, et pour convertir celles-ci en sucre, en alcool, en bière et en vinaigre ; — 10° Enfin des notions de botanique, de physique et de chimie pour faciliter la lecture de l'ouvrage ;

Par HÉTARIT.

TROYES

Chez THÉRIAT, RUE DU TEMPLE, 43,

1849

AVIS AU LECTEUR.

La maladie qui a frappé d'une manière si désastreuse, dans toutes les contrées de l'Europe, les cultures de pommes de terre pendant ces trois dernières années, a été l'occasion de l'ouvrage que nous offrons au public. D'abord nous n'avions eu que la pensée de composer un petit ouvrage exclusivement consacré à rendre compte des nombreuses observations recueillies sur cette maladie, et des moyens que la science de concert avec la pratique prescrivait pour prévenir ce fléau ou en atténuer les effets ; mais en réfléchissant à l'intérêt et à l'utilité que pourrait avoir pour les habitants des campagnes l'histoire complète d'une plante qui fait aujourd'hui l'une des principales branches de l'industrie agricole, et qui entre pour près d'un tiers dans l'alimentation générale des classes laborieuses et des animaux domestiques, nous nous sommes décidé à donner plus d'extension à notre projet. Convaincu que nous rendrions un véritable service aux cultivateurs qui désirent connaître tout ce qui concerne la pomme de terre, et qui tiennent surtout à mettre à profit les résultats des expériences des autres, nous sommes entré dans tous les détails que comporte notre sujet ; nous avons rapporté tout ce qui nous a paru intéressant dans la théorie et dans la pratique : l'histoire de la pomme de terre, sa composition, ses usages dans l'alimentation et dans l'industrie agricole, les produits qu'on en tire, tels que la fécule, ladextrine, le sucre, l'alcool et la bière, et leurs nombreuses applications dans l'industrie, les arts et la médecine. Nous avons même donné les recettes des préparations si variées de ce tubercule dans l'art de la cuisine.

Il est particulièrement un sujet auquel nous ne pouvions donner trop de développement, c'est la maladie spéciale dont nous venons de parler. On trouvera, dans l'article qui lui est consacré, un résumé de tous les écrits qui ont été publiés par les savants et les praticiens, depuis l'apparition du fléau. Les indications qui ont été produites par l'expérience directe ou le hasard pour prévenir le mal, l'anéantir ou l'atténuer, y sont surtout soigneusement relatées.

Dans le cours de notre rédaction, nous avons toujours été guidé par le vif intérêt que nous portons à la classe si intéressante des cultivateurs, et nous n'avons point perdu de vue qu'en écrivant pour eux, nous devions n'employer que des expressions usuelles, compréhensibles pour tous, ou donner du moins l'explication des termes scientifiques que la pauvreté de notre langue ne nous permettait pas de remplacer.

Nous avons beaucoup emprunté aux travaux des savants agronomes Payen, Antoine

de Roville et autres ; si, dans le cours de notre
rédaction, nous n'avons pas cité leurs noms
à chacune des observations dont nous leur
sommes redevable, c'est pour ne point les
rendre responsables des idées que nous avons
pu ajouter ou entremêler aux leurs.

HISTOIRE GÉNÉRALE

DE LA

POMME DE TERRE

ET

TRAITÉ COMPLET

DE LA MALADIE SPÉCIALE DE 1845.

HISTORIQUE.

Il est vraisemblable que la pomme de terre est originaire des montagnes du Chili, que de là sa culture s'est propagée dans la chaîne des Andes, en s'avançant au nord et s'établissant successivement au Pérou (1), à Quito et sur le plateau de la Nouvelle-Grenade (2).

(1) Dans le Pérou, la pomme de terre offre des variétés qui, au dire de M. de Humboldt, approchent d'un pied de diamètre.

(2) Le Chili, le Pérou et la Nouvelle-Grenade (Nueva-Granada) sont des contrées et des républiques de l'Amériqu méridionale. — Le Chili est situé entre les Andes (montagnes) et le grand Océan; le Pérou, au nord du Chili, entre les Andes, la Colombie et le grand Océan; et la Nouvelle-Grenade, qui est un des trois États confédérés dont se compose la Colombie, au nord du Pérou, entre le grand Océan, le Brésil et l'océan Atlantique.

C'est précisément la marche qu'ont tenue les Incas (1) dans leur conquête.

Ce précieux tubercule paraît n'avoir été introduit au Mexique qu'après l'invasion européenne, et il est bien avéré qu'on ne le connaissait pas encore sous le règne de Montézuma (roi du Mexique en 1519). Dans l'opinion de plusieurs savants, la pomme de terre aurait été trouvée en Virginie par les premiers colons qui y furent envoyés par l'amiral sir Walter Raleigh (célèbre navigateur anglais) vers 1610 à 1615. Aujourd'hui toute la rive américaine du grand Océan est abondamment fournie de pommes de terre.

Mais par qui cette plante fut-elle importée sur l'ancien continent? C'est une question à laquelle il est impossible de répondre d'une manière satisfaisante. Il en est de ce fait comme d'une foule d'utiles découvertes dont les vrais auteurs sont inconnus. La pomme de terre a eu le sort de l'imprimerie : tous les pays se disputent l'honneur d'avoir donné le jour à son premier importateur. Voici, à cet égard, ce qu'on sait de plus positif.

Les uns prétendent que la pomme de terre fut apportée en Angleterre par Drake, à son retour du Pérou, en 1586. Mais il paraît bien établi que longtemps avant ce navigateur, en 1545, un marchand d'esclaves

(1) *Incas* est le titre des souverains qui régnèrent au Pérou jusqu'à la conquête de ce pays (1525) par Pizarre, général espagnol.

avait gratifié l'Irlande de tubercules provenant des côtes de la Nouvelle-Grenade.

D'Irlande la nouvelle plante avait passé dans les Pays-Bas et en Hollande, en 1590.

Vers le commencement du xviie siècle, elle était déjà répandue en Espagne et en Italie. Elle était cultivée en grand dans le Lancashire depuis 1684; en Saxe, depuis 1717; en Ecosse, depuis 1728; en Prusse, depuis 1738. Elle commença à se répandre en Allemagne dès l'année 1710, et à y devenir usuelle; mais ce n'est que vers 1750, à l'occasion de la famine qui suivit la guerre de sept ans, que sa culture y fit des progrès rapides.

Elle ne fut introduite en France que vers le commencement du xviiie siècle. Il paraît que la Lorraine est la première province qui l'ait cultivée sur une grande échelle. Ce furent, dit-on, des Lorrains ambulants qui l'importèrent en Picardie, à Auneuil (département de l'Oise).

Olivier de Serres est le premier de nos auteurs qui en ait parlé.

Toutefois, la pomme de terre, ce légume si bienfaisant, qui est aujourd'hui l'un des principaux aliments de l'homme et des animaux domestiques, et dont on ait de si nombreuses et si utiles applications dans l'industrie, eut de la peine à s'accréditer en France. Bientôt un préjugé se répandit contre elle; les médecins et les chimistes eux-mêmes la déclarèrent nuisible à la santé; on prétendit qu'elle pouvait donner la lèpre, et l'on cessa de la cultiver, si ce n'est dans les jardins comme une plante curieuse. Cette prévention dura pendant plus d'un siècle, jusqu'à ce qu'enfin les expériences multipliées et les efforts de Parmentier (1) eussent fait triompher la vérité.

L'Académie de Besançon avait proposé, en 1771, pour sujet de son prix, l'Indication des substances alimentaires qui pourraient atténuer les calamités d'une disette. Parmentier établit, dans un mémoire qui fut couronné, qu'il était facile d'extraire, de l'amidon d'un grand nombre de plantes, un principe nutritif plus ou moins abondant. Mais l'utilité bornée de ces végétaux l'occupa peu de temps, et il porta bientôt toute son attention vers la propagation de la pomme de terre.

Ce fut principalement en 1785 qu'il redoubla d'efforts pour vaincre la routine et les préjugés.

(1) Antoine-Augustin Parmentier, né, en 1737, à Mondidier, perdit son père dès l'âge le plus tendre, et ne dut qu'à sa mère une éducation première, qui fut peu étendue, telle que le comportait d'ailleurs un état de fortune borné. A dix-huit ans, il entra chez un pharmacien, où il s'appliqua à l'étude de la chimie. Il eut des emplois dans nos armées en Hanovre, et, à son retour en France, des fonctions assez élevées dans l'administration des Invalides; il fut appelé, sous le Consulat, à la présidence du conseil de salubrité du département de la Seine, puis admis dans le sein de l'Institut. Après avoir consacré sa vie à la recherche des moyens qui pouvaient améliorer le sort de ses semblables, Parmentier mourut le 17 décembre 1813, laissant un nom aimé de tous les gens de bien.

Cette plante avait été multipliée avec succès dans nos provinces méridionales, et Turgot en avait étendu la culture dans le Limousin et l'Anjou ; mais une prévention arrêtait ailleurs les effets heureux de cet exemple. Ce n'est pas que l'on répétât, comme au XVe siècle, que la pomme de terre fût susceptible d'engendrer la peste ; mais on croyait qu'elle pouvait devenir la cause d'un grand nombre de fièvres, et que sa culture avait pour résultat d'appauvrir le terrain fatigué par la production de cette solanée.

Parmentier, animé par son amour pour le bien public, après avoir vainement combattu par ses écrits et par une foule d'expériences, le préjugé de l'opinion publique contre la culture et l'innocuité de la pomme de terre, résolut enfin de tenter une expérience en grand qui frappât tous les yeux. Il sollicita auprès du gouvernement et en obtint 54 arpents de la plaine des Sablons, jusque-là condamnés à une stérilité absolue.

Il ensemence ce sol aride, et l'on s'égaie à ses dépens, mais les fleurs commencent à paraître et déconcertent les incrédules. Parmentier en compose un bouquet et va solennellement en faire hommage à Louis XVI, qui, l'acceptant avec empressement, en pare sa boutonnière. L'éclatant suffrage du monarque conquit à la pomme de terre les suffrages des courtisans ; et les habitants des provinces, imitateurs des gens de cour, firent demander à Parmentier des semences pour leurs domaines. On raconte que, pour exciter l'envie d'en dérober, il faisait garder sa plantation par des gendarmes, et que son stratagême eut un plein succès.

Il faut dire qu'avant d'étonner les Parisiens par le spectacle d'une végétation inattendue, Parmentier leur avait révélé les avantages que sa plante chérie promettait à l'économie domestique. Sous les yeux de Franklin, il avait essayé, aux Invalides, un procédé pour obtenir un pain savoureux de la pulpe et de l'amidon de la pomme de terre, combinés à égale portion, sans aucun mélange de farine. Le premier, il parvint à ce résultat. Il communiqua gratuitement aux pâtissiers de la capitale le secret de fabriquer le gâteau de Savoie, dont la base est encore l'amidon des pommes de terre.

Il faut aussi parler d'un dîner dont tous les apprêts, jusqu'aux liqueurs, consistaient dans la pomme de terre déguisée sous vingt formes différentes, et dans lequel Parmentier avait réuni un grand nombre de convives. Leur appétit ne fut point en défaut, et les louanges qu'ils donnèrent à l'amphytrion, tournèrent au profit du merveilleux tubercule.

Grâce à ces efforts persévérants d'un homme de bien, la pomme de terre prit enfin son rang parmi nos richesses agricoles.

Après avoir eu tant de peine à triompher du préjugé populaire, cette plante providentielle s'est rendue si utile, s'est tellement propagée, qu'elle est

devenue de nos jours une nécessité, si bien qu'en général la gêne des classes pauvres varie suivant la
quantité de ses produits, et qu'en certaines contrées,
comme en Irlande, où elle fait la base de l'alimentation du peuple, la disette survient presque toujours à
la suite d'une mauvaise récolte de pommes de
terre. Nous en avons un triste exemple depuis
trois ans. Il semble que la providence ait voulu
punir les hommes du mépris qu'ils ont fait de
l'un de ses dons les plus précieux, pendant un si grand
nombre d'années.

La routine et les préjugés, nés de l'ignorance,
sont, en toutes espèces de choses, aussi bien un fléau
que la peste ou la disette; ils en sont même souvent
a cause. Heureusement que les hommes commencent
à faire un peu plus usage de leur raison.

CONSIDÉRATIONS BOTANIQUES (1).

DE LA PLANTE.

La plante qui nous occupe a reçu différents noms : dans le langage des savants, celui de *solanée tubéreuse*; dans le langage du monde, celui de *pomme de terre*, ou de *parmentière*, du nom de Parmentier, le célèbre agronome dont nous avons parlé.

La pomme de terre fait partie d'une famille de plantes que les botanistes nomment *solanées*, au nombre desquelles se trouve la *morelle*.

Elle a deux tiges : l'une aérienne, qui porte les feuilles, les fleurs et les graines; l'autre souterraine, terminée par des racines filamenteuses, qui pompent dans le sol les substances propres à la nutrition de toutes les parties du végétal. C'est sur les rameaux de cette dernière tige que naissent les tubercules pour lesquels on cultive principalement la plante.

Ces tubercules qu'on nomme également *pommes de terre*, ne sont autre chose que les bourgeons terminaux et tuméfiés des rameaux subterranés.

La tige souterraine, de même que la tige aérienne, donne naissance à des feuilles, mais qui restent à l'état rudimentaire sous forme de petites écailles.

C'est dans l'aisselle de chacune de ces feuilles ou

(1) La *Botanique* est une science qui a pour objet la connaissance, la description et la classification des plantes.

écailles que naissent normalement un ou plusieurs
bourgeons ou tubercules, qui portent eux-mêmes des
bourgeons (les yeux), qu'il suffit d'isoler pour avoir
autant de plantes distinctes.

Le tubercule entier doit donc être considéré comme
une plante chargée de bourgeons qui deviendront des
plantes à leur tour. C'est ce qu'on comprendra mieux
par ce qui suit.

La vitalité des êtres végétaux réside surtout aux extrémités des tiges, des branches, des rameaux, ou,
autrement dit, dans les bourgeons, qui contiennent les
plus jeunes individus; et c'est généralement par ces
parties que commence la végétation.

Or, ce phénomène a lieu dans le tubercule; car les
bourgeons ou yeux qui partent du sommet devancent
souvent, dans la végétation, de 15 à 20 jours et plus,
ceux de la base (*voyez* plus bas). Aussi trouve-t-on
ordinairement sur une seule touffe de pomme de terre,
provenant d'un tubercule entier, des tiges qui pous-
sen , fleurissent et meurent les unes après les autres,
et, plus tard, des tubercules à tous les états de développement, selon qu'ils proviennent des premières ou
des dernières pousses.

La fleur de la pomme de terre est blanche et violette. Son fruit est une baie noire renfermant au milieu
de sa pulpe un grand nombre de graines; il y a des
espèces dont une seule baie en contient jusqu'à 300.
Ces graines sont petites et oblongues.

Remarquons d'ailleurs, en passant, que la pomme de terre présente un exemple frappant de l'indépendance de vitalité des bourgeons dans les végétaux, puisque les bourgeons ou tubercules survivent seuls à la plante qui les a produits.

DU TUBERCULE.

La pomme de terre tient, comme on sait, à la tige souterraine par un filament plus ou moins long et résistant, qui s'insère dans le fond d'une forte dépression du tubercule.

Si l'on fend ce tubercule dans sa longueur, c'est à dire, dans la direction du filament, on aperçoit sur la tranche du parenchyme (1) une trace longitudinale d'une teinte plus foncée, qui, partant de l'extrémité du filament, aboutit à l'extrémité opposée.

Cette trace est la prolongation des vaisseaux du filament qui portent et distribuent les sucs destinés au développement du fruit.

L'axe (2) du tubercule est dans la direction de cette trace.

(1) On appelle *parenchyme*, la substance pulpeuse et molle qui forme le corps des fruits, mais particulièrement la partie ligneuse et tégumentaire de cette pulpe. C'est aussi ce qu'on nomme la *chair* du fruit.

(2) On appelle *axe* une longue tige de fer ou de bois qui passe par le centre d'un corps et qui sert à le faire tourner; et, par extension, toute ligne géométrique que l'on suppose passer par le centre d'un corps et aboutir à ses deux extrémités opposées.

La longueur du tubercule est dans le sens de l'axe.

Ces notions vont nous servir à établir des divisions dans le tubercule, et à les dénommer.

La *base* du tubercule est la partie qui est du *côté* du filament ; *l'extrémité* ou *sommet* est au côté diamétralement opposé.

Quelques personnes regardent aussi la base comme la partie *postérieure*, et le sommet comme la partie *antérieure*.

Si l'on considère un tubercule comme partagé en deux perpendiculairement à son axe, on appelle *talon* la partie du côté de la base, et *couronne* celle du côté du sommet. Ces distinctions sont utiles pour la plantation par fragments.

Remarquons en passant que la périphérie (surface extérieure) de la couronne est beaucoup plus œillée (chargée d'yeux) que le talon, surtout à la partie supérieure : ce qui tient au phénomène de la végétation dont nous avons parlé plus haut.

Si ensuite on examine la disposition du parenchyme d'un tubercule divisé en deux , on remarque trois parties bien distinctes : l'une, qui avoisine circulairement la périphérie, et dont le tissu est plus dense, plus serré, c'est la *zone corticale*, bornée extérieurement par la pellicule, et intérieurement par une ligne circulaire très marquée ; l'autre, qui est le prolongement des vaisseaux du filament, et dont nous avons déjà parlé, est la *moelle* ; la troisième est la partie du parenchyme qui se trouve circonscrite par la zone corticale et par la moelle, qui la divise en deux.

Des parties élémentaires.

La substance du tubercule est formée d'un grand nombre de cellules ou petites loges agglomérées, c'est ce qu'on appelle *parenchyme* ou *tissu cellulaire*. Ces cellules, séparées les unes des autres par de minces cloisons, renferment des granules qui constituent la *fécule* (1).

Chacun de ces granules est composé lui-même d'une petite poche tégumentaire et d'une matière appelée *dextrine* (2), contenue dans cette poche.

La masse du parenchyme est sillonnée par de petits vaisseaux qui, partant de l'axe vasculaire, vont distribuer dans cette masse les sucs nécessaires à son accroissement et à sa perfection.

Un liquide aqueux abreuve toute cette masse.

Remarquons que la *zone* dite *corticale* est due à ce qu'il se fait une plus grande agglomération de grains de fécule dans le pourtour du tubercule que dans son centre.

De la composition chimique.

D'après l'analyse de Vauquelin, la pomme de terre

(1) *Voyez* l'Art. FÉCULE.
(2) *Voyez* l'Art. DEXTRINE.

contient de l'eau (1), de l'amidon (2), de l'albumine (3), du citrate de chaux, du citrate de potasse, de l'asparagine, une matière azotée et diverses liqueurs, entre autres une huile empyreumatique particulière.

VARIÉTÉS.

La pomme de terre est une plante qui se diversifie à l'infini, et, pour ainsi dire, au gré du cultivateur, au moyen des semis. On compte un grand nombre de variétés, qui sont plus ou moins hâtives ou tardives, et plus ou moins productives en quantité et en qualité. Nous allons donner un tableau des variétés les plus connues.

Collection des variétés de pommes de terre de la Société nationale et centrale d'Agriculture.

I. Jaunes rondes.

N°ˢ	Dénomination.	Maturité.
1	Hétéroclite ronde,	très hâtive.
2	Fine hâtive,	id.
3	Early américain,	hâtive.
4	Martius superior early prolifie,	id.
5	Naine hâtive,	très hâtive

(1) L'*eau* est composée d'*oxygène* et d'*hydrogène*. *Voyez* ces mots à la Table.

(2) *Voyez* l'Art. AMIDON OU FÉCULE.

(3) L'*albumine* est une substance qui se rencontre dans les animaux et les végétaux. Le blanc d'œuf est de l'albumine presque pure. Elle est composée de carbone, d'hydrogène, d'azote, d'oxygène et de soufre, *Voyez* ces mots à la table.

 6 Shaw,   hâtive 2ᵉ saison.
 7 Shaw,   hâtive.
 8 Grosse jaune d'Alençon,   id.
 9 Livet white,   id.
10 De la Saint-Jean,   moyenne saison.

11 Ségonzac,   hâtive.
12 Martius prolific globe,   id.
13 Neuf semaines,   id.
14 Hâtive de Londres,   id.
15 Ségonzac,   moyenne saison, assez hâtive.

16 Ségonzac,   hâtive.
17 Sodens new early Oxford,   très hâtive.
18 Champion hâtive,   hâtive.
19 Patraque jaune,   moyenne saison.

20 Ségonzac,   id.
21 Ronde de Perth,   id.
22 Bloc jaune,   id.
23 Jaune d'août,   hâtive.
24 Fine peau,   hâtive, 2ᵉ saison.

25 Philadelphie ou Limal,   hâtive.
26 Bonne Wilhelmine,   id.
27 Réniforme,   id.
28 De Hovorst,   moyenne saison.

29 Américaine hâtive élevée,   id.

30 Blanche à fleur blanche,   id.

31 Daubenton,   id.

32 Grosse jaune hâtive,   id.

33 Russe tardive,   id.

34 A pourceaux,   id.

35 Bertin blanc,   id.

36 Stafford-hall,   hâtive, 2e saison.

37 Prince de Galles,   id.

38 Prolifique hâtive,   id.

39 Ox noble,   moyenne saison.

40 Peruvian,   hâtive, 2e saison.

41 Jaune d'Islande,   moyenne saison.

42 Précoce de Harvey,   hâtive.

43 Fruit à pain,   id.

44 *A feuilles de frêne.*

II. Les petites jaunes rondes.

45 Epais buisson,   hâtive, 2e saison.

46 Laschœven,   id.

47 Chinoise,   id.

48 De la Chine,   id.

49 Dunkerque,   moyenne saison.

III. Les jaunes entaillées.

50 L'imbriquée,   moyenne saison.

51 Blanche à fleur violette,   moyenne saison.
52 Rough black,   id.
53 Ananas longue,   id.
54 Artichaut jaune,   id.
55 L'asperge,   id.
56 Haricot,   id.

IV. Les longues jaunes lisses.

57 Parmentière ou Jaune de Hollande, moyenne saison.
58 D'Egypte,   tardive.
59 Pygmée de Ross,   moyenne saison.
60 Yorkshire Kidney,   id.
61 Souris,   hâtive.
62 Kidney ou Marjolin,   très hâtive.
63 Précoce van-es-extra,   hâtive, 2e saison.
64 Jaune longue d'août,   id.
65 La knight,   hâtive.
66 Kidney d'Albanie,   moyenne saison.
67 Unwins Kidney,   hâtive.
68 Kirk wall Kidney,   id.
69 Fox John Bull,   id.
70 Hanigh superb Kidney,   très hâtive.
71 Sainville,   tardive.

V. Les blanches rosées rondes et obrondes.

72 Patraque blanche,   tardive.

73 Mousson blanche,   id.
74 Américaine ronde blanche,   id.
75 Blanche amidon,   id.
76 Connught cup,   id.
77 Benefits,   id.
78 Rouge rose,   id.
79 Sauvage,   id.
80 Divergente ou Brugeoise,   moyenne sai-
                                              son.

81 Gris flamand,   tardive.
82 Rohan,   id.
83 Sommeiller,   id.
84 Mousson rose,   moyenne sai-
                                              son.

85 La vierge,   tardive.
86 Blanche hâtive, tête basse,   id.

VI. Les rouges rondes.

87 Hâtive de Pontarlier,   moyenne sai-
                                              son.
88 Nouvelle des Vosges,   id.
89 D'Osterode,   id.
90 Claire bonne,   id.
91 La virole,   id.
92 Le rognon,   id.
93 Rouge d'Espagne,   tardive.
94 Truffe d'août,   hâtive, 2e sai-
                                              son.

95 Rouge de Sibérie,   tardive.

 96 La Mayençaise,   moyenne saison.

 97 Rouge de Crony,   id.
 98 Hâtive de Meudon,   id.
 99 Bernarde,   id.
100 Calcinger,   id.
101 Semi-rouge,   id.
102 Patraque rouge,   id.
103 Saulnier,   id.
104 Rouge de Flandre,   id.
105 Printanière de Sarreguemines,   id.
106 Semence de la Bangor rouge,   tardive.
107 Truffe d'août dégénérée,   moyenne saison.

108 Devonshire red,   hâtive.
109 Round red,   tardive.
110 Nouvelle Descroizilles,   id.
111 Descroizilles,   id.
112 Scotch red,   moyenne saison.

113 Droppers,   id. ou tardive.
114 Américain pinck,   id. ou tardive.
115 Prime rouge,   id. ou tardive.
116 La Fleury,   tardive.
117 Bertin,   id.
118 Tripet,   id.
119 Tardive d'Irlande,   id.
120 Tardive d'Irlande,   id.
121 Tardive,   id.

122 Des Cordilières,   moyenne sai-
                                                son.

VII. Les rouges demi-longues.

123 Plate de M. Bailly,   moyenne sai-
                                                son.

124 La Jacob,   tardive.
125 La Berbour,   moyenne sai-
                                                son.

126 Rouge pâle hâtive,   id.
127 Bertin rouge,   id.
128 Durham,   tardive.
129 Yam,   moyenne sai-
                                                son.

130 Rouge d'Irlande,   id.
131 Mangell wurzell,   id.

VIII. Les rouges longues lisses.

132 Rouge de Hollande,   hâtive, 2e sai-
                                                son.

133 La Sageret,   id.
134 Kidney géante de Robertson,   id.
135 Cornichon français,   moyenne sai-
                                                son.

136 La quarantaine,   hâtive.
137 La longue hâtive,   hâtive, 2e sai-
                                                son.

IX. Les longues rouges entaillées.

138 Rouge longue de l'Indre,   tardive.
139 Vitelotte,   hâtive.
140 Vitelotte dégénérée,   moyenne saison.

141 Boudin rouge,   id.
142 Rose longue hâtive,   id.
143 Artichaut rouge,   id.

X. Les violettes rondes.

144 Lady Mary,   moyenne sai-
                                                   son.

145 L'œil violet,   hâtive.
146 Neuf semaines à œil violet,   id.
147 White pint,   moyenne sai-
                                                   son.

148 Mercer,   id.
149 Buffle,   id.
150 Peau violette,   id.
151 Lumper,   tardive.
152 Violette Godefroy,   id.
153 Violette prodigieuse,   id.
154 Violette de Lannilis,   moyenne sai-
                                                   son.

155 La Jersey,   id.
156 Bleue des forêts,   hâtive, 2° sai-
                                                   son.

157 Hâtive de Bourbon-Lancy,   id.
158 Violette,   tardive.
159 Bertin noire,   moyenne sai-
                                                   son.

160 Bertin noire, non marbrée,   id.
161 Bleue de Londres,   id.
162 Black monocco,   id.

163 Chandernagor ou Lanckmann, moyenne saison.
164 Pictet, id.
165 Ross early, id.
166 Noire des montagnes de Suisse, tardive.
167 id. id.
168 Yorkshire red, moyenne saison.
169 La charbonnière, id.
170 Halle de Stafford, ou tardive de
    Wellington, tardive.
171 La bicolore, id.
172 Rouge de Sawers, id.
173 Russian head potatoe, id.

XI. Les violettes longues lisses.

174 Nouvelle kidney de Bedfort, moyenne saison.
175 Cornichon suisse, tardive.
176 Cornichon violet, moyenne saison.

XII. Les violettes longues entaillées.

177 Boudin noir, moyenne saison.
178 Solanum stoloniferum.

Cette Collection est confiée à M. Vilmorin, quai de la Mégisserie, 30, à Paris, qui est chargé de mettre presque toute la récolte de chaque année à la disposition des agriculteurs.

PATHOLOGIE (1).

La pomme de terre est sujette, comme tous les êtres végétaux, à des maladies qui lui sont propres; seulement elles sont moins fréquentes et moins nombreuses. Il est même assez probable que les deux principales affections morbides dont elle a été atteinte jusqu'à présent sont identiques, et que les différences qu'on a cru remarquer entre elles ne sont que des modifications de la même cause. Elles ont à peu près les mêmes caractères, les mêmes symptômes, et naissent sous l'influence de circonstances analogues. Nous voulons parler de l'affection connue sous le nom de *frisolée*, et de la maladie qui règne depuis trois ans. Dès l'apparition de cette dernière, en 1845, on s'est efforcé, tant l'homme aime l'extraordinaire, de voir dans cette affection, un mal tout nouveau, sans antécédent. Pour prononcer une affirmation dans ce sens, il faudrait qu'on eût fait, sur la pomme de terre atteinte de la frisolée, des observations analytiques, dont les résultats eussent pu être comparés avec ceux qu'on a obtenus par l'étude à laquelle on s'est livré pour découvrir les causes de la maladie actuelle; c'est ce qui n'a point eu lieu.

Mais, comme cette question n'a d'ailleurs qu'un

(1) Ce mot signifie : *Traité des maladies.*

intérêt secondaire, nous nous contenterons d'exposer simplement les faits.

FRISOLÉE.

Voici les caractères de la maladie appelée *frisolée* ou *pivre*, qui a affecté la pomme de terre en France, il y a environ 60 ans, et qui se manifeste fréquemment en Angleterre. Nous empruntons cette description à la *Monographie des pommes de terre* de Putsche, écrite avant 1845 :

« Les plantes qui sont attaquées, paraissent souffrantes à l'extérieur. Les tiges sont lisses, d'une couleur brune, tirant sur le vert, quelquefois bigarées, souillées de macules couleur de rouille, qui pénètrent jusqu'à la moelle ; en sorte que celle-ci n'est point blanche, mais roussâtre et virant au noir. Le limbe des feuilles n'est point plan comme chez les individus en santé, mais rude, sec, ridé et crépu. Elles ne s'étalent pas au loin à l'entour des tiges, mais s'en approchent plus que de coutume, et leur développement n'est pas en rapport avec la longueur de leur pétiole. Il en résulte que la plante pâlit, se ride, jaunit prématurément à l'automne, et meurt au moment même où la végétation devrait être vigoureuse. — Le petit nombre de tubercules que produisent ces plantes mortes avant le temps, ont une saveur désagréable, parce qu'ils ne sont point mûrs, et sont impropres à l'alimentation de l'homme, parce qu'après avoir été mangés, ils laissent dans la gorge une substance âcre qui en lèse les parois, propriété commune à beaucoup de végétaux récoltés avant maturité. Plusieurs faits prouvent que certaines espèces de pommes de terre sont plus exposées que d'autres à la frisolée : cette maladie fait moins de ravages sur les montagnes que dans les plaines et les bas-fonds. Elle est héréditaire, et ce n'est que par une bonne culture que l'influence en est paralysée à la quatrième ou cinquième génération. Le seul remède connu, c'est le renouvellement de l'espèce par les semis, ou par des importations de variétés nouvelles. »

Un auteur anglais, qui écrivait aussi avant 1845, dit que les personnes habituées à récolter des pommes de terre attaquées de la frisolée, peuvent distinguer les tubercules malades de ceux qui sont sains, parce que les premiers sont plus durs que les derniers. Il prétend, avec d'autres naturalistes, que cette maladie a pour cause première la présence d'un insecte microscopique dans la moelle des tiges.

D'autres agronomes, et en plus grand nombre, attribuent la frisolée à l'humidité et aux gelées blanches.

MALADIE DE 1845.

D'après une note du colonel Acosta, communiquée par M. Boussingault à l'Académie des sciences, la maladie de 1845 est endémique (1) dans les Cordilières, leur terre natale. Les indigènes la connaissent depuis l'antiquité la plus reculée, et la nomment *casaqui*. Elle se manifeste dans les années pluvieuses et même tous les ans dans les lieux humides et marécageux. Un champignon ou excrescence se développe sur différents points des tubercules, et les corrode plus ou moins profondément.

On lit dans le Journal historique et littéraire de Bruxelles, du 1ᵉʳ décembre 1779 :

« Depuis huit à dix ans, on observe, dans la châtellenie d'Audenarde, que la fane des pommes de terre se rétrécit et que la plante meurt avant de parvenir à sa maturité. Aucune sorte de pommes de terre n'a été exempte de la contagion ; la seule différence était du plus au moins. On a essayé d'y remédier en semant la graine de la pomme de terre : le tubercule qui en est provenu s'est rétréci comme les autres. Les tiges de ces pommes de terre, dont la fane se corrompt, ne sont pas tout-à-fait stériles : elles donnent un petit fruit d'un mauvais goût ; elles poussent rapidement en sortant de terre pour mourir incontinent après. — On propose un prix de 300 florins à celui qui aura découvert la nature et l'origine du mal, et qui en aura trouvé le remède. »

(1) On appelle *maladie endémique*, celle qui règne habituellement dans un lieu, soit continuellement, soit par intervalles.

Un agronome du département du Calvados rapporte qu'il y a 25 ans la plus grande partie des tubercules d'un champ sur le bord de la mer, fut atteinte de la maladie de 1845, et que d'ailleurs il y a long-temps qu'elle est connue dans les environs de Caen sous le nom de *pulmonie.*

M. Sainville, correspondant de la Société centrale d'agriculture pour le département du Loiret, croit aussi que la maladie n'était pas nouvelle en 1845, qu'elle s'est propagée insensiblement et est arrivée à cet état d'intensité dont les effets furent si funestes. A l'appui de son opinion, il cite plusieurs faits observés par lui dans sa culture. En 1843, à la récolte, il trouva dans son champ, qui n'avait pas souffert de l'humidité, un certain nombre de tubercules pourris; En 1844, toujours sans cause apparente, il en trouva un bien plus grand nombre; et, en 1845, quand il fit dégermer et remuer ce qu'il avait conservé pour semence et pour la nourriture des porcs, beaucoup de tubercules étaient gâtés. Ceux qu'il mit de côté, après les avoir triés, finirent par se pourrir entièrement,

En 1844, M. Martines avait déjà entrenu l'Académie des sciences d'une maladie qui affectait les pommes de terre, et qui avait de l'analogie avec celle de 1845.

En Amérique, ainsi qu'il résulte de volumineux rapports imprimés, parvenus à la Société centrale d'agriculture, on avait reconnu en 1843 une maladie semblable à celle de 1845; cette maladie s'est reproduite dans presque tous les États de l'Union américaine en 1844, et généralement sous l'influence d'une température élevée.

Nous pourrions encore citer un grand nombre d'observations analogues; mais celles que nous venons de rapporter suffisent pour ébranler la croyance généralement établie que la maladie qui a paru en 1845 était sans antécédents.

Caractères de la maladie.

C'est presque toujours lorsque les tubercules sont près d'atteindre leur volume ordinaire, avant leur maturité, c'est à dire, dans le mois d'août et les premiers jours de septembre, que la maladie commence à se manifester. Aussi les variétés hâtives, qui, à cette époque, sont en pleine maturité, éprouvent-elles rarement du mal. C'est par la même raison que les plantations du midi, où la maturation marche plus rapidement, ont moins souffert que celles des contrées du centre et du nord. Les pommes de terre ont été d'autant moins avariées qu'étant dans un sol plus perméable, plus léger et par conséquent plus chaud, leur végétation se trouvait plus avancée. Les terrains en pente et exposés au midi, qui remplissent ordinairement ces conditions, ont été généralement épargnés. C'est principalement dans les champs à terre argileuse, compacte et humide, ou situés dans les vallées, que la maladie a étendu ses ravages.

L'expérience, dit un auteur, a démontré aux cultivateurs boliviens que la maladie en question provient de l'excès d'humidité de la terre dû à l'action prolongée des pluies et des temps couverts, à l'instant de l a seconde période d'accroissement des pommes de terre, c'est à dire, au moment où le tubercule a pris la moitié de sa grosseur ordinaire. Trop souvent les habitants des montagnes boliviennes en ont la preuve, quand, par exemple, ils cultivent un champ au pied d'un côteau dont une partie est en pente et l'autre dans le fond de la vallée; car alors il n'y a jamais que la partie inférieure du champ, toujours la plus humide, qui soit susceptible de gagner le *casagui* (la maladie); néanmoins, ayant à lutter contre l'action du *casagui* dans le fond des vallées et contre celle des vents glacés du sud sur les côteaux, ils plantent ordinairement dans ces deux conditions, afin d'avoir une bonne récolte sur les côteaux, lorsqu'il n'y a pas eu de grandes gelées, ou dans les plaines, lorsque l'année n'a pas été pluvieuse.

Nous reviendrons plus loin, avec plus de détails, sur cette cause de la maladie attribuée à l'humidité.

La maladie s'annonce généralement par une altération de la tige. Les feuilles éprouvent une espèce d'étiolement qui en change la teinte, le vert-glauque de la plante en parfaite venue devient vert-jaune. Souvent les fanes se flétrissent, deviennent brunes, et meurent. Quelquefois elles persistent mais bigarées de teintes vertes, jaunes et noires. Dans la plupart des cas, le mal les envahit subitement, du jour au lendemain; dans d'autres, il ne procède que graduellement allant de l'extrémité de la tige à la racine; ce qui a dû faire conclure nécessairement que l'altération se transmettait aux tubercules par la tige. Cela paraît évident lorsqu'on la voit se manifester et s'étendre, des points rapprochés de la tige, autour du tubercule sous l'épiderme; puis en envahir par degrés la couche corticale, avançant de la périphérie vers le centre. Quelquefois cependant elle marche vers le centre sans s'être propagée dans la couche corticale, ou après avoir pénétré seulement dans une partie de cette couche. On rencontre même des tubercules chez lesquels la maladie a commencé à se manifester par le point opposé à celui où ils s'attachent à l'axe, et cet axe est très sain et même végète avec vigueur. Sur la plupart des tubercules légèrement atteints, il suffirait d'enlever une pelure plus ou moins épaisse, pour éliminer les parties altérées. En coupant en quatre un de ces tubercules, on vérifie aisément que les parties plus profondément situées sont saines.

Des agronomes disent avoir observé que très souvent les fanes sont flétries, brûlées depuis longtemps, sans que les tubercules présentent la moindre altération, tandis qu'au contraire on trouve des tubercules malades alors que les fanes sont vertes et vigoureuses.

Le mal commence à se caractériser par quelques

points roussâtres, qui prennent naissance sous l'épiderme des tubercules.

Si l'on prend l'un de ces tubercules atteints, on observe à sa surface des taches jaunes, brunes ou noirâtres. Lorsque le mal est faible, les taches sont rares. Quelquefois il n'y en a qu'une seule, d'autres fois plusieurs. Dans quelques circonstances, au lieu de taches, on trouve une dépression sans changement de teinte. Quand la maladie fait quelques progrès, les taches se montrent en plus grand nombre ou les dépressions sont plus fortes. En coupant l'un de ces tubercules envahis, on remarque, à l'endroit des taches, des marbrures jaunes, brunes et noirâtres. Les parties ainsi altérées sont tantôt fermes, tantôt molles; leur odeur est fade, parfois à peine sensible, et elles présentent simplement une saveur de pourri.

Quand ces tubercules sont conservés dans une terre sèche ou un appartement sec et bien aéré, les progrès du mal sont parfois très lents, d'autres fois il se limite : alors la partie malade se retire sur elle-même et se détache de la partie saine. Ce phénomène est comparable à celui qu'on observe dans la gangrène sèche chez l'homme. La pomme de terre répand alors une odeur nauséabonde.

Dans une terre ou dans un lieu humide quelconque, la partie saine offre le même ordre de phénomènes que la partie primitivement malade, pendant que dans celle-ci le tissu altéré se disloque, et qu'il se fait une véritable décomposition des éléments de la substance parenchymateuse. Cette substance ne présente plus qu'une masse putrilagiée infecte, ayant l'aspect tantôt gommeux, tantôt filant, et qui parfois se boursoufle, comme du pain qui lève, par les gaz qui se dégagent. Sa saveur est âcre, piquante, nauséabonde.

Une portion de tubercule simplement altéré, vue sous un microscope (1) qui l'amplifie 400 fois, présente, dans les parties brunes, des filaments qui s'entrecroisent, pénètrent les cellules et les enveloppent comme dans un réseau. Ces filaments sont les ramifications d'un champignon microscopique (2).

L'espèce de lacis qui remplit les cellules et entoure la fécule dans tout le parenchyme envahi par les parties avancées du champignon, n'attaque pas sensiblement la fécule dans tous les granules qui lui servent d'appui, car on la retrouve intacte dans toutes les parties brunes; mais tout autour et dans une sphère d'activité qui s'étend surtout vers la périphérie du tubercule, les réactions dues à la végétation parasite ont dissous et absorbé presque toute la fécule, les substances azotées et les matières grasses, en sorte que les cel-

(1) Instrument qui grossit tellement les objets, par les dispositions du verre au travers duquel on les regarde, qu'on en distingue aisément jusqu'aux plus petites parties.

(2) *Microscopique* se dit des choses qui sont si petites qu'on ne peut bien les distinguer qu'au moyen du microscope.

lules restent transparentes, et vides en grande partie ou en totalité.

Cette dissolution et cette absorption de la fécule sont rendues manifestes à l'œil nu et mieux à la loupe dans des tranches minces de tubercules : les parties atteintes sont plus opaques, et la zone ambiante plus translucide. On le voit mieux encore si, après avoir fait bouillir ces tranches dans l'eau, on les imprègne d'une solution aqueuse d'iode, qui colore en bleu indigo intense les cellules remplies de fécule, et laisse incolores les cellules dont la fécule a disparu graduellement dans la sphère d'activité des champignons bruns.

En résumé, les caractères internes de la maladie consistent dans le développement d'une végétation cryptogamique spéciale dont les sporules (1), introduits probablement de la tige dans les tubercules (2), se sont développés entre les cellules et à leur intérieur, se nourrissant de la fécule et d'autres principes

(1) Les *sporules* sont les corps reproducteurs de certaines plantes qu'on nomme *gryptogames* (du grec *cruptô*, je cache, et *gamos*, noces), parce que leurs organes reproducteurs sont peu apparents ou cachés, ou peu connus.

(2) Nous devons dire de suite que des observateurs distingués, entre-autres M. Bonjean, de Chambéry, n'ont pu découvrir aucune trace de végétation cryptogamique sur les tiges et les feuilles. Les taches n'étaient dues qu'à une destruction du tissu cellulaire.

immédiats (1) puisés dans les tissus environnants, qu'ils envahissent et qu'ils consolident, au point de les retenir agrégés même dans l'eau bouillante.

En effet, c'est là l'indice de cette végétation parasite. Qu'on soumette à une ébullition dans l'eau, pendant quatre heures, un tubercule malade qui n'est point encore entré dans la période de putréfaction, et l'on verra, après cette coction, que toutes les parties non altérées sont devenues molles ou farineuses, comme à l'ordinaire, par la dislocation de leurs cellules gonflées et arrondies, tandis que les portions tachées sont restées consistantes : celles-ci se distinguent des autres par leur résistance lorsqu'on les presse entre les doigts; et l'on comprend qu'il en soit ainsi quand on aperçoit sous le microscope les organismes qui relient les cellules et les rendent solidaires entre elles dans ces parties.

La végétation parasite n'envahit souvent que les portions de tubercule rapprochées des tiges; et, à plus forte raison, elle épargne presque toujours les seconds et troisièmes tubercules développés à la suite l'un de l'autre, dans les variétés dites coureuses.

A ces caractères primitifs succèdent les phénomènes suivants, qui les modifient.

(1) En chimie, on appelle *principes immédiats*, des substances composées que forment les fonctions des êtres organisés, dont on les retire, immédiatement et sans altération, par des procédés simples.

La végétation cryptogamique et les tubercules envahis sont attaqués ensuite par des insectes observés par MM. Rayer et Guérin. On conçoit en effet que le terme de la vie des premiers champignons développés arrive bientôt, qu'alors toutes les causes de destruction agissant sur eux, ils perdent leur consistance et laissent les tissus se désagréger : des animalcules (1)

(1) M. Guérin-Méneville a observé, dans les pommes de terre malades, des acariens, des myriapodes, des insectes et des helmintes. Ces petits animaux appartiennent à quatre grandes divisions zoologiques, et font partie de ces êtres si nombreux destinés à concourir avec d'autres forces de la nature à la transformation incessante de la matière. Ils sont la conséquence et non la cause de l'altération des pommes de terre. Leur action eut lieu, en général, après l'altération spéciale ; quelques uns seulement l'ont précédée. Parmi les insectes observés jusqu'ici dans les tubercules malades, et qui font partie de l'ordre des coléoptères et de celui des diptères, l'auteur en signale particulièrement un qui s'y trouve à l'état de larve (premier état des insectes qui subissent des métamorphoses ; par exemple, la chenille est la larve du papillon); c'est la larve de Taupin, découverte par M. Rayer. Cette larve perfore les pommes de terre malades et saines; et devient très nuisible aux récoltes. — On sait d'ailleurs qu'en Angleterre les cultivateurs ont signalé la larve de Taupin des céréales, comme nuisant aussi beaucoup aux navets, aux carottes, aux pommes de terre, aux choux, aux salades, etc., etc.; et, dans les jardins fleuristes, aux iridées, lobelliées, œillets, etc. Ces larves pénètrent quelquefois en grand nombre dans ces diverses racines, et dévorent tout leur intérieur. Un horticulteur, ayant remarqué qu'elles sont plus friandes de laitues, répand sur le sol des tranches de la tige de cette plante, pour y attirer les vers,

attaquent ces débris et désagrègent les cellules ; à son tour, la fermentation putride entraîne la destruction des animalcules et augmente toutes les altérations de l'organisme végétal. Alors les tubercules sont réduits en une sorte de bouillie épaisse, blanchâtre ou brune, à odeur putride.

Mais, chose remarquable, tandis que les cellules sont déchirées en lambeaux, les grains de fécule qui avaient été épargnés par l'influence dissolvante des champignons, restent intacts la plupart, et on peut encore les extraire de ce putrilage.

La fécule étant en grande partie intacte dans les tubercules dont le parenchyme est ramolli, on pourrait croire cette extraction facile en suivant les procédés usuels. Il n'en est rien cependant, car un grand nombre de cellules peu ou point adhérentes comme dans les pommes de terre dégelées, se séparent les unes des autres, par l'action de la râpe, sans s'ouvrir, et retiennent la fécule enveloppée restant avec elles

qui ne manquent pas de s'y rendre la nuit ; et il n'a plus qu'à secouer ces fragments sur une toile pour en faire tomber les larves, qu'il détruit ainsi avec facilité. On a remarqué que les faisans les recherchent avec avidité et que l'estomac de plusieurs de ces oiseaux en était rempli.

On trouve dans les champignons et dans les lieux obscurs où des cryptogames végètent, grand nombre d'espèces de brachélites venus là pour se nourrir des insectes qui se développent et vivent parmi les champignons.

sur le tamis. Nous indiquerons plus loin le moyen qu'il faut employer dans ce cas.

Tant que les tubercules altérés ont conservé leur dureté, le râpage est praticable, et la séparation de la pulpe et de la fécule a lieu très aisément, et peut se faire comme pour les tubercules sains.

Une diminution dans le rendement a eu lieu dans toutes les féculeries en 1845; elle a été jusqu'à 55 p. 100.

Marche de la maladie.

La maladie ne s'est pas manifestée en même temps dans toutes les contrées sur lesquelles elle a sévi. Elle a suivi au contraire une marche fort irrégulière et on ne peut plus bizarre. Elle s'est étendue d'Allemagne en Belgique et dans la Grande-Bretagne, puis en France, où elle s'est répandue par degrés dans les départements du Nord, du Nord-Ouest, du Centre, de l'Est et du Sud, gagnant ainsi de proche en proche attaquant toutes les variétés sur des sols de toutes natures et dans des expositions diverses, plus active là où l'humidité domine, où la fumure est abondante, mais agissant presque partout dans des circonstances différentes, et parfois indépendamment des conditions météorologiques.

Cependant au milieu de cette confusion, on a généralement remarqué, comme nous l'avons déjà dit, que des variétés à maturation rapide, plantées tardivement, avaient échappé au fléau; que les terrains secs, sableux ou en pente, exposés au midi, avaient été peu ou point atteints. La pomme de terre *jaune ronde* et la *vitelotte* ont le plus souffert; la *rouge* a été moins malade, et la *violette* l'a été moins que toutes les autres : il est à remarquer que c'est aussi celle qui a la chair plus dense et plus ferme.

La maladie épargne çà et là des espaces plus ou moins étendus ou circonscrits au milieu même d'un champ envahi; ici un champ est frappé, à quelques pas plus loin, un champ presque contigu et soumis aux mêmes influences est complètement intact; des localités entières sont respectées, d'autres sont désastreusement atteintes; les pays les plus élevés n'en sont pas garantis, tandis que quelquefois des terres basses et humides n'ont aucun mal; enfin on trouve des touffes en état de décomposition complète; à côté, d'autres parfaitement saines, et, dans la même touffe, des tubercules sains auprès de tubercules altérés.

On a calculé que cette influence morbifique a, en 1845, détérioré de 10 à 50 p. 100 des récoltes de pommes de terre dans les contrées où elle a agi.

La maladie a reparu dans les années suivantes avec la même bizarrerie de phénomènes, mais en décroissant d'intensité en 1846 et 1847 pour éclater avec la même violence en 1848; seulement, elle a circonscrit ses ravages dans certains cantons, dans certains départements.

Cependant, dans ces trois dernières années, le temps et l'objet de son action ne furent pas tout à fait les mêmes : au lieu d'apparaître au mois d'août et d'attaquer les variétés tardives, comme en 1845, elle a commencé dès le mois de mai, et a frappé également sur les variétés hâtives.

Une autre particularité a été signalée, c'est que, dans bien des cas, des plantations faites avec des tubercules affectés n'ont point été malades, tandis que celles qui avaient eu lieu avec des tubercules sains, ont été attaquées.

Cause de la maladie.

Nous venons de décrire les symptômes, les caractères et la marche envahissante de la maladie des pommes de terre. Tous les observateurs sont à peu près d'accord sur les effets, mais il n'en est pas de même à l'égard des causes. Deux systêmes principaux sont en présence : l'un, qui attribue l'affection à des phénomènes atmosphériques; l'autre, aux séminules (1) d'un champignon (2) parasite (3), que l'air au-

(1) *Séminules*, corps reproducteur des plantes cryptogames; il y en a qui sont très ténus.

(2) D'après M. Victor Pâquet, ce champignon microscopique appartiendrait à l'ordre des puccinies, et, en 1831, il aurait produit sur les anémones les mêmes effets qu'en 1845 sur les pommes de terre.

Les champignons forment le dernier ordre de la cryptogamie dans le système de Linnée, et la deuxième famille de la classe des acotylédones dans la méthode naturelle de Jussieu. — Les champignons sont des plantes terrestres ou para-

rail transportées et dispersées en Europe, et dont le

sites, qui s'éloignent des autres végétaux par leur nature, par leur consistance, qui n'est jamais herbacée (de la nature de l'herbe), par leur formes et surtout par l'absence de feuilles, de fleurs, de cupules, d'urnes (*), ou d'organes qu'on puisse raisonnablement leur comparer. Il y a des champignons de toutes grandeurs; beaucoup sont fort petits et presque microscopiques; la taille des plus grands n'excède pas un pied de hauteur; mais il y en a qui ont une surface de plusieurs pieds d'étendue. Leurs formes ne varient pas moins : il y en a de filamenteux, de membraneux, de semblables à l'écume, à des tubérosités, à des parasols, etc. Ils offrent toutes les couleurs, excepté le vert pur, et toutes les consistances, car il y en a de gélatineux, de spongieux, de pulpeux, de cotonneux, de charnus, de coriaces, de subéreux, de ligneux, de compacts. On distingue plusieurs parties dans le champignon, l'une particulièrement qu'on nomme *portion placentaire*, qui contient ou sur laquelle sont immédiatement fixés des corpuscules microscopiques, ou organes reproducteurs, qui entre autres noms ont reçu ceux de *sporules*, de *séminules*. Les champignons tiennent à la terre ou aux corps sur lesquels ils végètent, par des fibriles, qui ne sont point de véritables racines. Ils exhalent tous une odeur particulière et en général identique pour le fond, mais musquée, savonneuse, sulfureuse, résineuse, etc., suivant les espèces. Leur saveur est très variable : elle peut être fade, caustique, âcre, acide, brûlante, poivrée, styptique, etc. — Tous les champignons deviennent pernicieux lorsqu'ils se flétrissent ou se décomposent; mais quelques uns sont essentiellement vénéneux à toutes les époques de leur existence. Ils produisent des nausées, des vomissements, des défaillances, des anxiétés, un état de stu-

(*) *Cupule, urne*, organes en forme de petite coupe ou d'urne qui, dans certaines plantes, portent les organes de la fructification.

propre serait de végéter sur la pomme de terre sous l'influence de certaines circonstances.

Aussitôt que, des divers points de l'Europe, la maladie fut signalée, on s'occupa d'en rechercher les causes. La première pensée fut d'attribuer l'affection aux gelées blanches et aux rosées froides qu'il avait fait pendant les mois de juillet et d'août, et qui coïncidaient avec l'apparition du mal. Alors on fit une étude particulière des phénomènes atmosphériques non seulement de ces deux mois, mais encore des mois pré-

peur, d'anéantissement, qui conduit quelquefois à une prompte mort, au milieu des convulsions les plus affreuses. — Ce sont des champignons microscopiques qui déterminent la plupart des maladies des plantes céréales : la *rouille*, la *nielle*, le *charbon*, l'*ergot*, *etc*. — Dans les forêts, les champignons parasites causent souvent la ruine des arbres qui les portent, au point de les rendre impropres à la construction et à la fente. C'est surtout dans les forêts d'arbres résineux qu'ils font les plus grands ravages. — Une singularité digne de remarque, c'est que les arbres fruitiers attaqués du champignon n'en portent pas toujours pour cela une moindre quantité de fruits, et quelquefois même cette quantité augmente momentanément, par une cause analogue à celle qui détermine l'accroissement des fruits dans les arbres dont on a diminué la la sève. Néanmoins, dans ces arbres comme dans les essences forestières, le champignon est toujours un indice de décrépitude.

(3) *Parasite* se dit d'un végétal dont les racines s'implantent dans la substance des autres plantes, et vivent à leurs dépens.

cédents ; on supputa les journées froides, les journées chaudes, les brumes, les gelées blanches, les rosées, les pluies, enfin tous les faits ordinaires ou extraordinaires qui s'étaient passés dans l'atmosphère en 1845. On trouva ou plutôt on crut trouver que tous ces phénomènes météorologiques excédaient ceux des années précédentes, et l'on se hâta d'en conclure qu'ils étaient la cause de la maladie. Cependant ces phénomènes avaient été si peu extraordinaires, que, sans cette circonstance malheureuse de la maladie, on ne s'en serait peut-être pas occupé ; car la plupart des autres récoltes, même celle du vin, en souffrirent peu ou point, et furent de celles qu'on appelle moyennes.

En recherchant, dans les tableaux météorologiques dressés par M. Caillat, si les circonstances atmosphériques de 1845 ont pu influencer la culture des pommes de terre, M. Boussingault a trouvé que ces circonstances ne diffèrent pas essentiellement de celles qui se sont présentées en 1844. La seule différence qui mérite d'être signalée, c'est qu'en 1845 le nombre des jours complètement couverts a été notablement plus fort qu'en 1844. On peut se convaincre de cette vérité par le tableau météorologique suivant.

MOIS.	1844.				1845.			
	Température moyenne.	Eau tombée.	Jours de pluie.	Jours couverts.	Température moyenne.	Eau tombée.	Jours de pluie.	Jours couverts.
Mai. .	13°, 3	102 mm	14	8	11°, 1	51 mm	16	14
Juin. .	18, 0	75	13	1	28, 3	6	10	5
Juillet .	18, 1	61	11	5	18, 3	93	17	11
Août.	17, 0	86	16	6	16, 4	48	15	9
Sept.	16, 2	75	9	8	15, 2	110	12	8
	16, 5	399	63	28	15, 9	308	70	47

M. Gasparin a dressé séparément deux tableaux météorologiques, l'un pour les mois de mars, avril, mai, juin 1845, et l'autre pour les quatre mois suivants de la même année. Il résulte de leur comparaison que la première période a été plus froide que l'autre. Cependant, dans le midi, où l'on fait deux récoltes dans la même année, l'une en juin et l'autre en octobre, c'est la première qui a été préservée du fléau; il a attaqué la récolte qui est venue dans la période la plus favorable . celle-ci présente de plus hautes températures que la première, des pluies moins considérables en nombre et en quantité; l'évaporation a été relativement plus active, et les nébulosités ont été moindres; enfin elle s'éloigne peu de l'état moyen sous lequel les récoltes ne souffrent point.

M. Gasparin fait observer que les gelées blanches pendant la végétation des pommes de terre arrivent souvent sur les montagnes sans affecter l'état de cette plante.

— Mais on se livrait en même temps à un examen analytique de la plante malade. Après les observations à l'œil nu, on s'aida du microscope. Ceux qui savent manier cet instrument, aperçurent, comme nous l'avons dit, une plante parasite et quelquefois des insectes dans la substance des parties altérées des tubercules. On essaya d'abord de révoquer en doute cette singularité végétale; mais bientôt le plus grand nombre finit par se rendre à l'évidence ou par ajouter foi aux observations réitérées des savants et habiles expérimentateurs qui attestaient le fait.

Alors, on s'accorda généralement sur ces deux points : 1° Des phénomènes atmosphériques ont influé spécialement sur la végétation de la pomme de terre ; 2° Un champignon parasite existe dans les tubercules altérés.

Mais quelle fut la cause première de la maladie ? Est-ce l'influence atmosphérique ou le champignon ? Les esprits se trouvèrent divisés sur cette question.

Les uns prétendirent que c'était l'influence atmosphérique, et que le champignon n'était que la cause secondaire ; les autres, mais en bien plus grand nombre, soutinrent que la végétation parasite était la cause première, et que l'influence atmosphérique n'était que la cause secondaire ou, pour mieux dire, auxiliaire, parce que, dans bien des circonstances, l'autre n'aurait pu se produire sans elle.

Les partisans de la première opinion disent que, dans aucun cas, les champignons n'ont donné la mort à des plantes entières et saines, qu'ils ne les ont même jamais attaquées qu'après leur altération, dont ils sont un effet et non une cause. Selon eux, cette altération résulte d'une simple fermentation du parenchyme. Cette fermentation elle-même est produite par la matière rousse qui apparaît dans les tubercules au début de la maladie, et qui, agissant à la manière d'un ferment, détermine bientôt la putréfaction de l'albumine, laquelle, à son tour, provoque la désorganisation du tissu cellulaire. Ces taches rousses enfin ont été déterminées par les phénomènes atmosphériques de l'année 1845, c'est à dire, par les alternatives fréquentes de pluies, de soleil, de froid, et par les gelées blanches précoces et les brouillards très froids qui ont duré pendant quelques jours. La quantité extraordinaire d'eau que les fanes et les tubercules absorbèrent et que l'abaissement de la température moyenne ne leur permit pas d'exhaler, ont été surtout la cause la plus énergique de leur altération.

Suivant un savant observateur, l'air aurait exercé aussi une action funeste et non douteuse sur les tubercules. En y pénétrant avec l'humidité par toute la surface de la plante et par les vaisseaux vasculaires qui les attachaient à la tige, il a déterminé la coloration rousse ou brune qu'on y remarque : son oxygène produit cet effet en agissant sur le principe colorant, dont il enlève du carbone avec lequel il forme de l'acide carbonique. C'est à une pareille réaction chimique que les fruits blets ou gâtés, les feuilles mortes, doivent la coloration brune ou fauve qui caractérise leur changement d'état. Le même auteur ajoute que les tubercules malades ne lui ont jamais paru colorés par les champignons seuls.

Suivant d'autres, tous les symptômes que l'on assigne à la maladie, caractérise une gangrène végétale sèche, affection assez commune parmi les plantes de nature aqueuse, et on n'a pas besoin pour l'expliquer de recourir aux parasites : jamais, dans la gangrène des tissus animaux, on n'a cherché cette explication, pourquoi alors l'apporter pour celle des tissus végétaux ? Ce ne peut-être des champignons d'une espèce parasite et microscopique qui seraient capables de détruire les récoltes d'une contrée entière.

L'altération a paru à quelques agronomes être le résultat d'une épiphytie (1), qui, à l'instar du choléra asiatique, se serait déversée sur cette espèce d'êtres organisés, en rayonnant, pour ainsi dire, d'un centre commun, source de miasmes et de principes de contagion.

(2) Maladie contagieuse des plantés

Des expériences, dit un agronome, m'ont démontré, d'une part, qu'on pouvait produire la maladie en faisant naître les causes auxquelles on était fondé à l'attribuer, et, de l'autre, qu'on pouvait l'arrêter jusqu'à un certain point en plaçant le végétal dans des circonstances opposées. Par conséquent le développement de la maladie est dû aux circonstances atmosphériques favorisées dans beaucoup de cas par des circonstances locales.

— Il faut avouer que ce système, dans lequel l'action des phénomènes atmosphériques sur la pomme de terre est expliquée de tant de manières, n'offre rien de bien satisfaisant à l'esprit. Son défaut capital est de ne pouvoir être applicable à tous les cas et à toutes les circonstances de la maladie, et d'être manifestement en contradiction avec les faits les mieux établis.

Si le froid, l'humidité, les gelées blanches de 1845 ont été la cause première du désastre, comment se fait-il que la maladie ait en également lieu dans les pays où les saisons ont présenté des conditions tout autres, en Suède, par exemple, où l'été a été remarquable par une extrême sècheresse? Quelle a donc été aussi sa cause aux États-Unis dans l'année 1844, où la température fut généralement élevée? Pourquoi ne s'est-elle pas produite dans les années où les météores (1) ont été bien autrement nombreux

____

(1) Variations, changements, phénomènes qui arrivent dans

et variables qu'en 1845? Pourquoi, dans cette année
même 1845, s'est-elle plutôt déclarée dans la saison
où la température fut le plus élevée et les pluies moins
fréquentes et moins abondantes? Pourquoi un même
champ a-t-il été préservé, ou seulement attaqué çà et
là, quand toutes ses parties, qui d'ailleurs étaient ho-
mogènes et pareillement exposées, avaient subi les
mêmes influences atmosphériques? Pourquoi a-t-elle
reparu en 1846, 1847 et 1848, où l'état atmosphérique
a été tout différent qu'en 1845? Parce que le mal s'est
transmis, répondra-t-on sans doute. Mais alors pourquoi les semis mêmes de graines anciennes n'ont-ils
pas été épargnés, tandis que ceux de tubercules altérés l'ont été dans quelques cas?

Bien que le système opposé, celui de la végétation
parasite, laisse encore des points obscurs, il nous
semble cependant qu'il rend mieux raison des faits
pour tous les lieux, dans tous les cas et toutes les
circonstances.

Des séminules sous forme de poussière fine ont été
enlevées par les vents, qui les ont transportées au
loin (2); mêlées aux vapeurs atmosphériques, elles ont

l'atmosphère. Le tonnerre, les éclairs, la pluie, la neige, la
rosée, le brouillard, la grêle, l'arc-en-ciel, etc., sont des météores.

(2) Ce phénomène du charriage des semences par les vents
étonnera peu ceux qui savent qu'une foule de plantes dont les
sexes sont séparés, comme la carotte, le chanvre, le pal-

été déposées sur le sol avec les pluies et les rosées; entrainées avec l'eau que les plantes parenchymateuses absorbèrent, elles se fixèrent dans leurs tissus, où elles périrent ou bien se développèrent : elles périrent dans les végétaux qui ne convenaient point à leur nature; elles végétèrent dans la pomme de terre, qui paraît offrir un séjour et des substances propres à leur accroissement. Ainsi, dans cette hypothèse, tous les faits particuliers de la maladie peuvent s'expliquer : elle s'est manifestée dans toutes les plantations, dans toutes les touffes ou parties même de touffe où des séminules ont pénétré, et elle s'y est développée plus ou moins selon que l'état de la plante lui était plus ou moins favorable. Les mouvements de la portion de l'air qui en transportait les germes, rendent raison de la bizarrerie de sa marche dans les contrées qu'elle a envahies : elle a épargné çà et là des cantons, des champs, des parties même d'un champ attaqué, quand les vapeurs qui s'y condensaient en rosées ou en pluies, n'étaient point chargées de ces germes, ou quand ces rosées et ces pluies, en s'infiltrant immédiatement dans le sol ou en se vaporisant aussitôt sous l'influence solaire, ne subis-

mier, etc., peuvent se féconder à des distances assez éloignées, et moins encore ceux qui n'ignorent pas que les pluies dites de *soufre*, ne sont autre chose que du pollen (poussière prolifique) de conifères que l'air abandonne après l'avoir apporté de contrées souvent très lointaines.

saient pas l'absorption de la plante. Voilà pourquoi les terres légères et chaudes, ou en pente et exposées au midi, ont beaucoup moins souffert. Sans les séminules, les phénomènes atmosphériques n'auraient pas produit la maladie, ils n'ont été que les auxiliaires de la cause, soit en charriant les germes, soit en favorisant leur développement; car on ne peut nier que l'humidité n'ait servi à la propagation du mal, dans le plus grand nombre des cas. Le fait de la végétation du champignon sur l'une des plantes les plus aqueuses prouve que ce cryptogame ne se plaît que dans les milieux humides. Si la maladie a reparu dans les années suivantes, c'est par la même cause, la dissémination de séminules étrangers, ou par des séminules provenant du champignon né sur place.

La question embarrassante est celle de savoir d'où viennent les séminules, cause de la maladie. Mais cette difficulté existe également dans le premier système, dont la plupart des partisans admettent la présence du champignon dans les tubercules altérés. Au reste, cette question n'est que secondaire; il suffit, pour que notre hypothèse ait de la valeur, que le charriage des sporules par l'air, et leur introduction avec l'eau dans les tissus de la plante, soient possibles; et c'est ce que personne ne peut nier sans donner un démenti à des faits naturels incontestables.

CONTAGION.

La maladie qui s'est déclarée en 1845, est-elle contagieuse ? Cette question a occupé aussi les observateurs. Mais, avant de faire connaître les opinions pour et contre, il est nécessaire, pour comprendre la discussion, de définir ce qu'on entend généralement par contagion.

C'est la transmission d'une maladie déterminée, d'un individu à un autre, par un contact médiat ou immédiat. Il est de toute probabilité qu'elle a lieu par le moyen d'un agent matériel, qui s'échappe d'un corps malade et pénètre dans un corps sain. Cet agent se nomme *principe contagieux* ou *virus*, mais plus communément *miasme*, quand il est volatile, et *virus*, quand il est fixe. La contagion est immédiate lorsque le principe contagieux est transmis directement de l'individu malade à l'individu sain, soit par le séjour de celui-ci dans une atmosphère chargée des émanations du malade, soit par un simple contact, soit enfin par un contact plus intime encore, comme cela arrive pour la transmission de la rage et de la syphilis. La contagion médiate a lieu au moyen des substances qui ont été en contact avec un corps malade, et qui sont appliquées sur un corps sain.

Cela posé, il faut, pour que la maladie de la pomme de terre soit reconnue contagieuse, admettre préalablement un principe contagieux, un virus particulier, qui puisse s'échapper d'un tubercule malade pour pénétrer dans un tubercule sain. Nous verrons s'il sera nécessaire d'admettre ce principe. Voyons d'abord ce qui s'est passé après la récolte.

La maladie a exercé son action sur les tubercules non seulement tandis qu'ils étaient encore adhérents à la plante, mais aussi après leur arrachage. Dans quelques conditions qu'on les ait placés, elle a fait des progrès ; mais c'est surtout dans les caves et les silos (1) que le mal a exercé ses ravages sur les tubercules sains comme sur ceux qui étaient déjà attaqués. Ainsi, dans une exploitation agricole, la perte, qui, au moment de la récolte, n'atteignait pas 8 p. 100, s'est élevée, après un court séjour des tubercules dans les silos, à 33 p. 100 environ. Souvent même le progrès des altérations secondaires fut tellement rapide, que les tissus désagrégés laissèrent écouler une grande partie des sucs mis en liberté subitement comme après le dégel des pommes de terre.

Des nombreuses expériences comparatives qui ont été faites pour la conservation des tubercules, il est résulté :

1° Que les tubercules sains qui ont été placés dans des lieux secs, se sont généralement peu altérés, et beaucoup moins encore quand ils étaient isolés ;

2° Que les tubercules mêmes déjà attaqués se sont

---

(1) Fosse creusée en terre suivant certaines conditions pour renfermer les grains ou autre récolte. (*Voyez* Silos à la Table.)

assez bien conservés dans ces deux conditions réunies ;

3° Que la substance rousse, avec tous les caractères précités, est transmissible au contact ;

4° Que ce contact accélère tous les progrès de la fermentation putride ;

5° Que l'humidité, l'obscurité, une température douce, favorisent cette transmission,

6° Que l'aérage et l'exposition à la lumière s'opposent aux progrès de la maladie. (On sait en effet que l'obscurité est favorable aux végétations cryptogamiques);

7° Que la chaux et en général les matières ayant la propriété de dessécher, ont réussi à arrêter le mal par leur application sur les tubercules.

Nécessairement il faut conclure de ces résultats généraux que le mal se transmet d'un tubercule à un autre. Mais de quelle manière s'opère cette transmission ? Est-ce par un principe ou virus indéfinissable, émanant de l'affection même, comme on l'entend pour les maladies dites contagieuses ? Dans le système où la maladie est attribuée aux phénomènes atmosphériques, quelques personnes admettent ce principe contagieux. D'autres ne voient dans le fait de la transmission qu'une action physico-chimique.

Dans l'altération des pommes de terre, dit le savant naturaliste Gaudichaud, il n'y a ni une maladie épidémique (1), ni une maladie contagieuse , ni même une maladie, mais seulement un effet physico-chimique(2).

(1) *Épidémie* se dit d'une maladie qui attaque , en même temps et dans le même lieu, un grand nombre de personnes, ou qui devient beaucoup plus fréquente qu'elle ne l'est ordinairement. Les causes des épidémies se trouvent dans des circonstances qui sont communes à beaucoup d'individus, telles que l'air, les aliments, etc. Leur apparition est en quelque sorte préparée par une succession de causes qui ont agi pendant un temps plus ou moins long, et ont produit une prédisposition que les causes actuelles ne font que développer ou augmenter.

(2) Nous allons essayer de définir, en termes ordinaires, ce qu'on entend par *Chimie* et par *Physique*. — Remarquons d'abord que dans les sciences, on donne le nom de corps à tout ce qui est appréciable par la vue et par le toucher : les gaz, les liquides, les métaux, les animaux, les végétaux, et les éléments même qui les composent , sont des corps. — On croit que Dieu, pour former l'univers, créa un certain nombre de substances ayant des propriétés différentes, que chacune de ces substances est divisée à l'infini en particules extrêmement petites, et que c'est de l'union des particules de plusieurs de ces substances dans des proportions diverses que résultent tous les corps de la nature. On appelle ces substances primitives *éléments* ou *corps simples*, et leurs particules, *atómes*. On compte environ 60 corps simples pour notre globe. Le fer, l'or, le plomb, l'argent, le cuivre, le gaz hydrogène, le gaz oxygène , etc., sont des corps simples. La masse de chacun de ces corps, tels que nous les voyons, n'est qu'un assemblage d'*atómes* de même espèce, réunis par une force particulière qu'on appelle *cohésion*. Les corps formés de plusieurs corps simples sont dits *composés*. On nomme communément *molé-*

une simple décomposition analogue à celle qui s'exerce

cule toute petite parcelle d'un corps, mais, dans la science, on donne spécialement ce nom à l'union de deux ou plusieurs atômes d'espèces différentes. La masse d'un corps composé n'est autre chose qu'un ensemble de *molécules* d'une ou de plusieurs espèces. On conçoit qu'il doit y avoir autant d'espèces de molécules que d'unions d'atômes d'espèces différentes et dans des proportions diverses. Notons que les corps acquièrent toujours, en se formant, des qualités et des propriétés différentes de celles de leurs éléments. — La *Chimie* est une science qui a pour objet l'étude de tous les corps dans le but de connaître leur composition, l'action réciproque de leurs atômes ou de leurs molécules constituantes, et, par conséquent, les combinaisons qu'ils peuvent former. — La *Physique* est une science qui a pour objet l'étude des propriétés naturelles des corps, des actions réciproques qu'ils exercent les uns sur les autres en raison de leurs propriétés, et des lois suivant lesquelles s'opèrent ces actions. — Quand j'examine un corps pour connaître les différents *éléments* dont il est composé, leur nombre et leur nature, dans quelle proportion ils y sont combinés; ou que, décomposant ce corps, je sépare ses *éléments* ou leur fais subir des combinaisons nouvelles pour former d'autres corps différents de celui dont ils faisaient partie, je fais de la *chimie*. — Si je cherche à connaître pourquoi ces *éléments* s'attirent ou se repoussent, pourquoi deux corps mis en contact ou frottés l'un contre l'autre produisent tel effet, pourquoi les corps les plus pesants tendent toujours à se placer sous les plus légers, pourquoi les corps se dilatent à la chaleur; ou si je m'occupe à produire quelqu'un de ces effets, je fais de la *physique*. — Quand deux corps, agissant l'un sur l'autre, abandonnent chacun leurs éléments, qui s'unissent pour former un ou plusieurs corps nouveaux, il y a action *chimique* :

dans tous les corps organisés mourants ou morts. Par exemple, un fruit légèrement meurtri ou conservé trop longtemps s'altère sur un point de sa surface ; ce point, d'abord fort petit, s'élargit progressivement et finit par tout envahir. Appellera-t-on cela une maladie épidémique ? Ce fruit gâté se trouve en contact avec d'autres fruits sains qui s'altèrent rapidement à leur tour. Nommera-t-on cela une maladie contagieuse ? Non certainement, car il n'y a là qu'une réaction

c'est par une telle action que le gaz *oxygène* de l'air forme de la *rouille* en s'unissant avec le fer, que le même gaz en s'unissant avec le gaz *hydrogène* forme de l'eau, ou que, en s'unissant avec le carbone (charbon pur), il forme du gaz *acide carbonique*. — Quand deux corps s'attirent ou se repoussent en vertu de quelques propriétés qui leur sont propres, il y a action *physique* : c'est par une telle action que l'aimant attire le fer ; que la balle est chassée du canon par la dilatation des gaz que la poudre enflammée y dégage ; que le piston d'une machine est poussé par la dilatation de la vapeur, ou s'abaisse par suite de la condensation de cette même vapeur. Dans le changement de volume de la gomme élastique que l'on comprime, il y a action *physique*. Quand un corps en choque ou meurtri ou brise un autre, c'est une action *phy-sique*. — Le résultat de ces différentes actions, *chimiques* ou *physiques*, est un effet. — Quand dans un corps une action *chimique* a eu lieu par suite d'une action *physique*, on dit que cette double action est une action *physico-chimique* ; le résultat est conséquemment un effet *physico-chimique*.

chimique (1), une sorte de fermentation (2) analogue à toutes celles qui s'opèrent dans les corps organisés solides, de proche en proche, de cellule à cellule.

Une explication analogue est admise aussi dans l'autre système où la cause de l'affection est attribuée à la végétation parasite. M. Stas a fait connaître qu'une réaction acide (3), accrue et persistante durant le progrès du mal particulier, se changeait en une réaction alcaline (3) dans la deuxième phase, celle-ci caractérisée par la fermentation putride et la transformation des tissus en putrilage.

Mais c'est principalement à la reproduction du champignon qu'est due la transmission de la maladie. Si le champignon qui s'est développé dans un tubercule, est arrivé au terme de son accroissement, il reproduit des sporules qui, en se disséminant sur les tubercules sains, y germent, s'y développent à leur tour et y propagent le mal. D'ailleurs n'est-il pas probable qu'un grand nombre des tubercules qui avaient toute l'apparence de la santé, portaient déjà le germe de l'affection, et que c'est ce germe qui, en se déve-

(1) Action des éléments d'un corps sur les éléments d'un autre corps, d'où résulte la formation d'autres corps.

(2) Décomposition spontanée des corps organisés, d'où résulte une série de produits qui préexistaient. (*Voyez* FERMENTATION à la Table).

(3) En chimie, on dit qu'un corps est acide quand il rougit la teinture bleue de tournesol, et *alcalin* quand il ramène au bleu cette teinture rougie par un acide.

loppant, a causé ultérieurement leur altération dans les magasins ?

L'efficacité des moyens qu'on a employés pour arrêter le mal ou empêcher sa propagation, donne de la réalité à cette hypothèse. Le champignon aime l'humidité et l'obscurité : hé bien, de nombreux résultats attestent que les tubercules qui furent mis dans des lieux secs et bien aérés ont été préservés en grande partie, que même la maladie a cessé de faire des progrès chez les tubercules altérés qui avaient été placés dans les mêmes conditions et isolés. Les substances qui ont la propriété de dessécher ou de garantir de l'humidité, ont produit des effets semblables. Cela ne revient-il pas à dire que le champignon, privé des conditions nécessaires à sa végétation, n'a pu se développer ou a cessé de se développer? Si d'ailleurs les tubercules isolés se sont bien conservés, c'est non seulement à cause du dessèchement, mais encore parce que la reproduction du parasite par ses sporules n'a pu avoir lieu.

HÉRÉDITÉ.

D'après ce que nous avons dit sur la cause et la transmission de la maladie, il n'est pas besoin de recourir à un principe héréditaire pour expliquer sa réapparition dans les années postérieures à 1845. L'hérédité n'est pas plus admissible que la contagion. Disons mieux : puisque le mal ne tient pas à la constitution de la plante, à une perturbation de son organisme, et n'est dû qu'à une cause occasionnelle, il ne peut pas y avoir d'hérédité. La réapparition de la maladie a eu lieu, comme nous l'avons dit, ou parce que les mêmes causes se sont renouvelées, ou parce les sporules du champignon de l'année précédente ont produit des effets semblables. Ces sporules se sont trouvées disséminées naturellement partout, dans les champs, dans les magasins, sur les tubercules : il n'est donc pas étonnant que les récoltes hâtives ainsi que les tardives et même les semis par graines, en aient été attaqués. Si le mal est allé en décroissant dans quelques contrées, il faut l'attribuer aux soins qu'on a mis à en détruire la cause successivement chaque année, soit en faisant la guerre aux sporules dans les magasins, par l'aérage ou des substances, soit en faisant les plantations dans un sol défavorable au champignon.

DES TUBERCULES ALTÉRÉS COMME ALIMENT.

Les nombreuses expériences qui ont été faites pour connaître l'effet de l'usage alimentaire des pommes de terre altérées, ont présenté des résultats assez contradictoires. Cependant cette nourriture a causé très rarement des accidents graves, alors même que les tubercules étaient en état de putrilage.

Voici quelques unes de ces expériences :

— Après avoir fait ramasser au hasard des pommes de terre gâtées abandonnées sur le sol, M. Bonjean,

pharmacien à Chambéry, s'en est nourri presque exclusivement pendant trois jours consécutifs, sans rien
ôter de ce qui était gâté, mais après avoir toutefois
fait enlever celles qui étaient profondément altérées.
Il en a ainsi mangé 4 kil. apprêtées au beurre, en
soupe, ou simplement cuites à l'eau, sans avoir res-
senti d'autre incommodité qu'une digestion un peu pé-
nible. Il a fait plus, il a bu un matin, à jeun, un verre
(250 grammes) de l'eau qui avait servi à faire cuire
2 kil. 5 de tubercules pourris. Cette eau était épaisse,
sale et nauséabonde. Il n'a éprouvé d'autre accident
qu'un sentiment d'âcreté dans l'arrière-bouche, ac-
compagné de chaleur dans la poitrine pendant deux
heures environ. Deux commis de M. Bonjean ont suivi
son exemple pendant deux jours sans inconvénient.

— Une commission de la Société d'agriculture
de Seine-et-Oise a nourri, avec des tubercules gâtés,
8 moutons pendant 12 jours; les uns les ont mangés crus, les autres, cuits; aucun n'a souffert de
ce régime. Trois d'entre eux, qui recevaient des
pommes de terre crues, ont augmenté de poids. —
Deux lapins ont été nourris exclusivement, pendant
5 semaines, avec des tubercules altérés, et n'ont point
été malades. — La commission a tenté ensuite ses
expériences sur les hommes. Deux de ses membres,
trois personnes qui lui étaient étrangères et les ouvriers de deux fermes ont tous été soumis au régime
des pommes de terre. Nul cas même de légère indisposition n'a été constaté.

— MM. Bourgeois et Debonnaire de Gif disent qu'il résulte de leurs expériences, que les tubercules altérés, même cuits, ne nourrissent pas les animaux, les rendent débiles, leur donnent des diarrhées, etc.

— D'après le témoignage de quelques médecins, qui citent plusieurs cas observés par eux en Algérie et en Irlande, l'usage de la pomme de terre malade aurait occasionné chez l'homme des accidents assez variés et plus ou moins graves. Parmi ces accidents, il en est qui ont de l'analogie avec ceux que déterminent quelquefois les moules, tandis que d'autres peuvent être rapprochés de l'espèce de scorbut que le riz de mauvaise qualité produit chez les Indiens.

— Enfin, à cette question catégorique adressée par la Société centrale d'agriculture de Paris aux autres sociétés agricoles de la France : *Quels effets les tubercules altérés ont-ils produit sur la santé des hommes et des animaux ?* cinquante de ces sociétés ont répondu qu'aucun effet défavorable n'avait été constaté, et quatorze, que des effets fâcheux avaient été remarqués, notamment en ce que les animaux n'engraissaient plus ou semblaient mal nourris. Parmi ces dernières réponses, cinq signalent des accidents. Généralement on a évité de donner aux animaux des tubercules fortement altérés : le triage fut fait avec plus de soin encore pour les hommes.

— Il serait bien difficile de formuler aucune conclusion, à la suite de rapports si peu concordants. Cependant nous sommes d'avis que les tubercules atteints ne doivent être nuisibles à la santé des animaux et des hommes que quand il y a un commencement de décomposition, mais que, dans tous les cas, ils ne peuvent former un aliment aussi nutritif que des tubercules parfaitement sains.

En général l'expérience a démontré qu'il est toujours préférable de faire cuire les pommes de terre saines et de les mélanger avec d'autres aliments pour la nourriture des bestiaux ; à plus forte raison, quand elles sont altérées. L'addition du sel marin serait encore une condition très favorable, mais il faudrait n'employer le sel qu'au moment de distribuer la nourriture. Après la coction des tubercules, il faut avoir soin d'en rejeter l'eau.

Faisons, en finissant, une remarque générale, qui s'applique à tous les évènements extraordinaires dans l'ordre physique ou dans l'ordre social. Arrive-t-il une calamité, on lui attribue tous les accidents qui surviennent. Apparait-il dans la société un homme de génie, on ne voit que lui, c'est à lui que la multitude rapporte tous les biens ou tous les maux.

Pour ne pas sortir de l'ordre physique, auquel appartient notre sujet, rappelons-nous seulement ce qui s'est passé à l'époque du choléra. Les médecins, comme le vulgaire, ne rêvèrent que choléra pendant dix-huit mois. Tous les autres genres de maladies avaient disparu; partout, dans tout, on ne voyait

que choléra. La moindre indisposition était un cas de
de choléra; seulement, quand le mal était léger,
on l'appelait cholérine. Combien de coliques, de gas-
trites, d'entérites ordinaires, de pulmonies, de rhu-
matismes internes, de névralgies même, etc., ont
été mises sur le compte de ce malheureux choléra!
Ce qu'il y a de plus singulier, nous allions dire, de
plus plaisant, c'est qu'il avait souvent l'obligeance,
pour ne pas démentir le diagnostic et le pronostic,
de prendre la place même de la véritable maladie : la
peur du mal engendrait le mal lui-même.

Nous sommes persuadé qu'il s'est passé quelque
chose d'analogue relativement à la maladie spéciale
de la pomme de terre, hors ceci, bien entendu, que
les appréhensions du cultivateur n'ont point rendu malades des tubercules sains ou des animaux qui étaient
en bonne santé. On a dû attribuer à cette maladie
bien des cas d'altération, de pourriture, qui n'avaient
qu'une cause fort ordinaire. Comme on lui en voulait
beaucoup et avec raison, on a dû l'accuser bien injus-
tement d'un grand nombre d'indispositions de bestiaux, qui, s'ils avaient eu la faculté de parler, auraient pu donner des démentis à leurs médecins et à
leurs maîtres. Ils auraient pu dire, par exemple,
qu'avant la maladie spéciale, ils avaient souvent des
diarrhées quand on les nourrissait exclusivement de
pommes de terre saines.

MOYENS
DE COMBATTRE ET D'ANÉANTIR LA MALADIE :

Dans les champs lorsqu'elle paraît.

Nous avons vu précédemment que la maladie annonce son invasion, dans le plus grand nombre des cas, par une altération particulière des fanes, qui se tachent, jaunissent et se dessèchent avec une rapidité plus ou moins grande. Quelquefois cependant les tubercules sont atteints avant la tige.

Le cultivateur doit surveiller attentivement ses plantations, afin d'y porter un prompt remède dès que le mal s'y manifeste.

Nous allons indiquer ce qu'il y a de mieux à faire dans ces circonstances, en rapportant les résultats qui ont été obtenus par de savants agronomes, soit dans leurs expériences, soit dans leurs pratiques.

— En 1846, M. Bonjean, de Chambéry, l'un des plus infatigables et habiles expérimentateurs, voyant que la maladie se reproduisait comme en 1845, fit l'expérience suivante :

Le 22 juin dernier, dit-il, un champ a été divisé en trois parties égales, renfermant chacune 200 pieds de pommes de terre, tous exactement dans les mêmes conditions, tant pour les fanes que pour les racines.

La première partie, N° 1, a été laissée intacte ;

On a pratiqué des rigoles de 5 à 6 pouces de profondeur entre chaque ligne de la deuxième partie, N° 2.

Dans la troisième, N° 3, on a coupé les fanes à trois ou quatre centimètres de terre.

Cinq semaines après, le 29 juillet, les pommes de terre de ces trois divisions ont été arrachées par un temps sec. Elles ont fourni les résultats suivants :

	Saines.	Gâtées.
N° 1	16 livres.	2 livres.
N° 2	18 livres.	» 12 onces.
N° 3	24 livres.	» 12 onces.

Les pommes de terre N° 1 étaient les plus petites ; celles N° 2 étaient sensiblement plus grosses ; celles N° 3 différaient tellement par leur volume de celles N°ˢ 1 et 2, qu'elles paraissaient être un triage de ces trois dernières. Toutes, du reste, étaient parfaitement mûres.

La section des fanes a non seulement, comme le montre l'essai N° 3, suspendu ou borné les progrès du mal, mais encore elle a eu pour résultat d'augmenter singulièrement la quantité du produit, en permettant aux tubercules de se développer d'avantage.

M. Bonjean fait d'ailleurs observer que la section des fanes ne peut être faite impunément à toutes les époques de la végétation ; il faut pour cela que les fanes commencent à se dessécher.

Des résultats semblables obtenus par d'autres agronomes à la suite d'expériences analogues confirment celles de M. Bonjean.

En laissant les fanes flétries adhérentes aux tubercules non arrachés, les altérations envahissent par degrés un grand nombre de pommes de terre, tandis qu'en coupant auprès du sol les fanes dès qu'elles sont atteintes et flétries, on a pu préserver presque tous les tubercules de l'altération spéciale. On comprend que cette précaution n'expose à aucun dommage, car une fois frappées et flétries, les feuilles et les tiges ne peuvent plus végéter ni servir au développement des tubercules, tandis qu'elles pourraient leur transmettre les séminules de la végétation parasite.

Si quelquefois la section des fanes n'a pas empêché la propagation de la maladie, cela provient sans doute de ce que la coupe n'a pas été faite assez bas, de manière à ne laisser de la tige aérienne aucune partie qui puisse transmettre le mal aux tubercules, ou de ce que les séminules avaient déjà pénétré auparavant dans les tubercules.

Quel que soit d'ailleurs le genre d'altération dont les pommes de terre viennent à être frappées, dit M. Bonjean, il y aura toujours avantage à ne pas les extraire avant leur maturité : les tubercules atteints ou disposés à l'être se conservent mieux en terre que dans toute autre circonstance où des causes physiques tendent sans cesse à augmenter le mal. Les exceptions à ce sujet ne prévaudront pas contre ce principe, que des faits pratiques sont venus corroborer.

Nous partageons l'opinion de M. Bonjean; nous ferons seulement observer qu'il sera toujours préférable de faire l'arrachage des tubercules avant leur maturité, si l'on peut les employer immédiatement.

Cependant M. Payen et d'autres agronomes conseillent aux cultivateurs d'arracher les touffes aussitôt que les fanes paraissent souffrir. On arriverait par là, disent-ils, à utiliser la plupart des tubercules à mesure qu'ils seraient envahis, et à livrer le terrain à d'autres cultures. On enrayerait peut-être ainsi les progrès de la maladie, et l'on se réserverait la partie de la récolte saine.

Aussitôt que les fanes sont coupées, ou arrachées partiellement ou en totalité, il faut, pour anéantir les sporules du champignon, les porter hors du champ et les brûler, ou mieux les stratifier (1) avec quelques centièmes de chaux. Ce mélange formera la base d'un bon engrais végétal, qu'on pourra employer l'année suivante, mais pour une culture autre que celle de la pomme de terre.

(1) *Stratifier*, c'est Arranger des substances par couches superposées. Dans le cas dont il s'agit, on fait des lits de fanes et de chaux alternativement l'un sur l'autre, c'est à dire qu'après avoir fait un lit de fanes, on le saupoudre de chaux; on étend sur ce lit de chaux un second lit de pommes de terre qu'on saupoudre encore de chaux, et ainsi de suite.

— L'excès de l'humidité causant le mal, il faut chercher à le combattre activement, et c'est à quoi les cultivateurs boliviens réussissent parfaitement avec les moyens les plus simples et les plus faciles. Comme ils ont remarqué que la terre battue par la pluie forme une croûte extérieure, qui empêche l'humidité de s'évaporer, lorsqu'ils reconnaissent, à la couleur jaunâtre des feuilles de la plante, que la maladie existe, ils attendent que la direction des vents régnants leur indique une série de beaux jours; alors ils déchaussent un peu les pieds de pommes de terre, ou donnent un labour profond au champ, de manière à laisser agir avec plus de force les rayons solaires sur la terre fraîchement remuée. S'ils obtiennent quelques belles journées, l'action morbifique s'arrête et ne se communique pas aux tubercules, qui seulement prennent moins de volume, mais perdent la maladie, qui continuerait sa marche si on ne l'arrêtait dans ses rapides progrès.

— Aux moyens employés par les Boliviens, on pourrait en ajouter beaucoup d'autres analogues ayant pour but l'évaporation ou l'écoulement des eaux, comme ceux de creuser de petites fosses d'écoulement, de distance en distance, sur les terrains unis, par exemple, lorsque des pluies trop prolongées ont déterminé la maladie; ou tel autre moyen que l'expérience des agriculteurs européens et les dispositions locales leur suggèreront dans l'intérêt de leurs récoltes. Arracher les pommes de terre attaquées avant les pluies d'automne serait peut-être aussi un moyen très efficace.

— Un agriculteur, M. Rémont, dit avoir employé avec grand succès le procédé suivant pour préserver les récoltes de la maladie. Il s'agit d'ajouter, au moment du buttage, sur la terre que l'on doit ramener autour de la plante, une poignée de plâtre pour les terres argileuses ; pareille quantité de chaux vive pour les terres bourbeuses ou acides, ou enfin de la cendre non lessivée pour les terrains légers, sablonneux ou calcaires. M. Rémont a fait, chez plus de trente cultivateurs de son voisinage, de semblables essais qui ont tous parfaitenent réussi. Mais ces résultats sont à vérifier par des expériences nouvelles et comparatives, car on sait que, si, dans ces dernières années, les amendements stimulants ont pu, dans certains cas, agir d'une manière favorable, dans d'autres cas, leur action a été nulle, ou peut-être nuisible.

Après l'arrachage.

La première opération à faire, lors de l'arrachage, est de séparer les tubercules sains des tubercules attaqués. On fera bien, pour les variétés dites coureuses, de mettre particulièrement en réserve les deuxièmes et troisièmes tubercu'es, qui, étant plus éloignés de la tige que les premiers, sont très généralement sains; ils sont plus abondants en fécule et plus faciles à conserver.

Le triage fait, ou pendant le triage, on les expose sur le champ pour les laisser sécher au soleil; quand ils sont suffisamment ressués, il faut avoir soin, avant de les rentrer, de les frotter dans les mains pour enlever la terre qui leur est adhérente, et de les monder de toutes leurs parties chevelues ou fibreuses.

Quand les tubercules sont rentrés, il faut utiliser de suite, si c'est possible, les plus gâtés et même tous ceux qui sont altérés, soit en les donnant aux bestiaux, soit en en extrayant la fécule.

— Voici une série de moyens de conservation qui sont recommandés par des agronomes et des agriculteurs distingués. Parmi ces procédés, il y en a de plus ou moins dispendieux, comme il y en a qui demandent des emplacements plus ou moins vastes. C'est au cultivateur à choisir ceux qu'il peut mettre en pratique.

Rappelons-nous d'abord que l'obscurité est favorable aux végétations cryptogamiques, et que la lumière leur est contraire. M. Collomb, se fondant sur ce fait, a mis ensemble, dans un lieu obscur, des tubercules sains et des tubercules gâtés. Au bout de quelques jours, la transmission de l'altération spéciale avait eu lieu. Un même mélange, simultanément fait, a été exposé à une vive lumière : les tubercules sains sont restés intacts.

Nous avons vu aussi que l'humidité favorisait l'altération. Il faut, en conséquence, étendre, isoler les tubercules en lieux secs, éclairés et aérés. On doit y maintenir une température douce. Dès que la superficie des tubercules est sèche, les tissus sous-jacents sont moins altérables.

Lorsque les emplacements manqueront, il faudra tenir les tubercules en petits tas, ou bien en ados étroits et isolés, rompre et retourner de temps à autre les tas, afin que l'échauffement n'ait pas lieu, et éliminer les tubercules dans lesquels les progrès de l'altération seraient devenus évidents.

Les cultivateurs se garderont bien d'enfouir dans les silos les tubercules atteints, car la fermentation, en se propageant d'un tubercule à l'autre, aurait bientôt gagné toute la masse. Mais, s'ils y étaient absolument obligés, ils auraient soin de les y placer isolément par lits recouverts chacun d'une couche de terre sableuse bien sèche, d'une épaisseur de 2 centimètres. Au lieu de sable, on pourrait saupoudrer chaque lit avec de la chaux hydratée(1).

(1) La *chaux* est composée d'un corps simple gazeux nommé oxygène, et d'un autre corps simple solide nommé *calcium*. On appelle *chaux hydratée*, celle qui est éteinte dans l'eau, et *chaux sèche* ou *anhydre*, celle qui ne contient pas d'eau. On sait que la chaux s'obtient en calcinant une pierre. Cette pierre, qu'on nomme *carbonate de chaux*, est composée de la chaux et d'un corps gazeux qu'on nomme *acide carbonique*, composé lui-même d'oxygène et de car-

— L'emploi d'un lait de chaux (1) suspend les altérations putrides; la chaux en poudre, mêlée aux tubercules dans la proportion d'un demi-kilogramme pour 100, facilite la dessiccation de leur superficie et ralentit les détériorations ultérieures. Des lavages, au moment d'employer les tubercules, enlèvent facilement la chaux adhérente.

« En 1845, dit M. Rohart, les pommes de terre de mes champs étaient tellement gâtées, que mes ouvriers ne croyaient pas qu'elles valussent la peine d'être arrachées. Je me décidai cependant à faire choisir les tubercules les moins attaqués, à les mettre en fosse dans le champ même, et à les chauler fortement. A cet effet, nous alternâmes les lits de tubercules avec de la *chaux vive en poussière*. Au printemps, je les ai fait défosser, et ils étaient parfaitement conservés. J'en ai fait ensuite différentes plantations, qui ont bien réussi; et, au moment de l'arrachage, tandis que tout le monde se plaignait de la maladie nouvelle de la pomme de terre, je n'ai pas trouvé un seul tubercule attaqué. Ma récolte s'est conservée parfaitement dans les caves et dans les fosses. Les cultivateurs mes voisins, auxquels j'avais donné de mes pommes de terre chaulées pour les planter, me

bone. Dans la calcination, ce gaz se dégage, et l'on a pour résidu la chaux vive.

(2) On nomme *lait de chaux*, l'eau qui contient une plus grande quantité de chaux qu'elle n'en peut dissoudre.

rapportèrent tous que toutes les récoltes avaient été gâtées dans leurs villages excepté celles provenant des tubercules que je leur avais fournis. »

MM. Boussingault et Payen, de l'Académie, font observer, à l'occasion de cette expérience, que, si M. Rohart eût employé de la chaux vive, il est difficile de croire que les pommes de terres se fussent conservées, et que par *chaux vive*, il a dû entendre de la *chaux hydratée éteinte*. Il est évident que les tubercules s'altèreraient par suite du contact de cette chaux avec l'eau qu'ils contiennent (75 p. 100 de leur poids), parce que cette eau, en contribuant à éteindre la chaux, élèverait la température et occasionnerait diverses altérations. On doit donc toujours employer la chaux à l'état d'hydrate, soit pulvérulente, soit délayée dans l'eau.

M. le comte de Grouchy dit qu'il est à sa connaissance que plusieurs cultivateurs ont conservé leurs pommes de terre avec de la chaux en poussière hydratée, tandis que plusieurs autres ont perdu les leurs en employant la chaux vive.

— M. Héricart de Thury a essayé de la cendre de four à chaux et du lait de chaux pour conserver les pommes de terre; il en a obtenu des résultats très satisfaisants, mais surtout de la cendre des fours à chaux.

— M. Pâquet a employé le procédé suivant : 25 décalitres environ de pommes de terre dans lesquelles il y avait un commencement de maladie, ont été séparés en deux lots égaux. Sur l'un on a répandu de la chaux hydratée à laquelle on avait ajouté un quart environ de suie et de charbon de bois pulvérisé. Ce lot ainsi chaulé a été mis dans une caisse ; l'autre lot, qui n'avait subi aucune préparation, a été placé dans une autre caisse. Les deux caisses ont été descendues à la cave. Le douzième jour, les tubercules non chaulés étaient complètement gangrenés ; ils fermentaient déjà. Les autres, au contraire, étaient aussi sains et aussi secs que dans les années ordinaires.

Les résultats qu'on a obtenus des expériences faites avec la chaux pendant les trois années qui viennent de s'écouler, confirment presque tous l'efficacité du chaulage comme moyen préservatif.

Dans quelque lieu et de quelque manière que l'on dispose les pommes de terre pour les conserver, on fera donc toujours bien de les saupoudrer de chaux hydratée pulvérulente, ou de les immerger dans un bain de cette même chaux délayée dans l'eau, avant de les emmagasiner.

Mais il est bon de prévenir que quand le germe de la pomme de terre est développé, il pourrait y avoir du danger à employer la chaux, et que par conséquent le chaulage ne conviendrait plus, par exemple, en avril, au moment où la pomme de terre commence à végéter.

7

— M. Bonjean a fait les expériences comparatives
suivantes :

Il a chaulé 11 tas de pommes de terre (placés dans
les mêmes conditions) avec 11 substances différentes :
1° la tannée (1), 2° la chaux, 3° le chlorure de chaux (2),
4° le sel, 5° la cendre de chaux, 6° le sable pur, 7° le
sable mêlé à du poussier de charbon de bois, 8° le
gypse (3), 9° l'infusion de suie, 10° l'eau créosotée(4),
11° le sable additionné d'un cinquième de cendre de
chaux. — Au bout d'un mois, M. Bonjean a remarqué
que les pommes de terre placées dans le sable pur, le
sable et le charbon, le sable et la cendre de chaux,
étaient les mieux conservées; elles étaient d'une frai-
cheur vraiment remarquable. Puis venaient ensuite, par
ordre de leur valeur réciproque, les préparations à la
cendre de chaux, à la tannée, au gypse, à la créosote,
à la suie, au chlorure de chaux et au sel. Les tuber-

(1) Tan qui a déjà servi à préparer les peaux, et dont on
fait ordinairement des mottes à brûler.

(2) Le *Chlorure de chaux* est une substance composée de
chaux et d'un corps simple gazeux qu'on nomme *chlore*.

(3) *Gypse* ou *Pierre à plâtre* est le nom vulgaire du *sulfate
de chaux*, qui est un composé de chaux et d'*acide sulfurique*,
lequel acide est lui-même composé d'*oxygène* et d'un corps
simple nommé *soufre*. Le plâtre est du gypse dont on a fait
évaporer par la calcination l'eau qu'il contenait.

(4) La *Créosote* est un liquide huileux composé de carbone,
d'hydrogène et d'oxygène. Elle est douée de propriétés anti-
putrides.

cules saumurés (mis avec le sel) étaient les moins bien conservés; ils étaient humides et moisissaient à la surface. Cependant la saumure a été employée en Savoie par un grand nombre de propriétaires, sur une assez grande échelle, et ce procédé a assez bien réussi. Je ne sais, dit M. Bonjean, à quoi tient cette différence.

— On s'est demandé, ajoute-t-il, si les diverses substances employées à la conservation des pommes de terre, la chaux, le sel, le chlorure de chaux surtout, ne nuisent point à la germination du tubercule. Dans tous les tas, j'ai trouvé des tubercules chez lesquels le germe s'est plus ou moins développé. Toutefois le meilleur résultat se trouve dans les préparations de sable, et les moins favorables dans celles de sel.

Presque tous les expérimentateurs désapprouvent en effet l'emploi du sel.

— Le célèbre chimiste Dumas, qui a fait aussi des expériences, dit que la tannée stratifiée avec la pomme de terre, absorbe l'oxygène de l'air et l'empêche de venir en aide à la fermentation.

— Le propriétaire d'une maison de campagne avait fait mettre une partie de sa récolte dans une cave. Forcé de faire un voyage inattendu, il ne put visiter son magasin qu'au printemps. Sa surprise fut grande à la vue de légumes aussi sains et aussi frais que s'ils sortaient de terre; le goût même s'en trouva excellent. On se souvint que la cave avait servi de magasin de charbon, et on remarqua que le plancher était encore recouvert d'une couche épaisse de poussière de charbon.

Un grand nombre d'expériences répétées depuis trois ans, attestent l'efficacité non seulement du charbon de bois, mais encore de la houille, pour la conservation des pommes de terre malades ou saines, et même de tous les fruits. On emploie le poussier ou menu du charbon, et si l'on n'en a pas, on écrase des morceaux pour en faire. Il faut que ce poussier ou menu soit sec. On en fait d'abord un lit sur l'aire de la cave ou du cellier, on place ensuite dessus un lit de pommes de terre, que l'on saupoudre de menu, et ainsi de suite. On recouvre le tout d'une épaisseur d'un pied environ du même charbon.

Nous verrons plus loin que le charbon mêlé à la terre dans les champs, a également la propriété de préserver les plantations de la maladie ou d'en arrêter les progrès.

— L'acide sulfureux, qui suspend ou prévient les fermentations de tous genres, a blanchi et maintenu en bon état les tubercules malades exposés momentanément à son action. On a, dans le soufre mis en combustion, le moyen d'appliquer à peu de frais cet acide en grand.

— La commission nommée par le gouvernement anglais pour étudier la maladie, recommande de séparer les pommes de terre gâtées des pommes de terre saines, de mettre celles-ci par couches et d'étendre sur chaque couche un lit de cendre de tourbe, ou de terre de tourbe très sèche, ou de sable sec, ou d'argile séchée, de quelques pouces d'épaisseur.

— Des pommes de terre altérées ont été soumises à un courant de fumée. L'altération s'est arrêtée et n'a pas repris ses ravages après l'exposition ultérieure à l'air. La surface des tubercules était ridée, séchée, et les parties pourries étaient affaissées : le tout était recouvert d'une légère couche de suie. L'expérience a été faite en plaçant des paniers pleins de tubercules dans une grande cheminée où l'on sèche de la viande.

— M. Sainville a employé, en 1845, le moyen suivant, qui lui a parfaitement réussi. Il a fait placer des perches dans une travée d'un grand hangar : elles s'appuyaient, du haut, sur les solives, et leur pied buttait sur terre. Puis le long de ces perches, on a mis de champ un rang de bourrées; ce qui a fait une espèce de chambre, fermée d'un bout par le mur du fond du hangar; les deux côtés étaient formés par des murs de bourrées, et l'autre bout restait entr'ouvert. M. Sainville a fait arracher ses pommes de terre quand elles furent à peu près mûrs; on rejeta seulement les tubercules en putrilage et tout le reste fut rentré pêle-mêle, tantôt sec, tantôt humide, dans la chambre du hangar, et entassé à une hauteur de 2 mètres 30 à 2 mètres 60. — Cette chambre fut ensuite fermée et recouverte également avec des bourrées. — Vers la fin de novembre, M. Sainville a fait enlever les bourrées qui formaient un des côtés, et le tas s'est écroulé dans le hangar. La dessiccation était complète, et la terre réduite en poussière ; toutes les pommes de terre malades étaient grises, et les saines d'un très beau jaune ; les nuances étaient si tranchées que le triage a pu se faire sûrement et rapidement. Les bonnes ont été placées dans une cave, et les gâtées dans une autre. Un petit nombre qui étaient en putrilage ont été séparées et consommées de suite par les porcs. Pendant trois mois, 18 porcs n'ont pas eu d'autre nourriture que ces tubercules malades ; pendant le même temps, des tubercules de même sorte ont formé la moitié de la ration de 20 bœufs en pouture : ni porcs, ni bœufs n'ont souffert. Tout a été consommé, rien n'a été perdu. — Au printemps les pommes de terre saines ont été trouvées en parfait état de conservation.

— En Amérique, après l'arrachage des tubercules, on ne les enferme que lorsqu'on les a laissés assez long-temps exposés au soleil pour qu'ils deviennent verts comme des pommes. Ils acquièrent ainsi une plus grande énergie vitale, qui les empêche de fermenter. — C'est par un procédé analogue que M. Louis Vil-morin conserve tous les ans les tubercules qu'il destine à la plantation. Seulement, c'est vers la fin de l'hiver, au mois de février, qu'il les fait monter au grenier pour les exposer à l'action de la lumière, et les faire verdir, afin, dit-il, d'éviter qu'ils ne s'épuisent à pousser de longs jets comme elles le font, au printemps, dans les magasins ou dans les silos. Les tubercules ainsi exposés ne végètent plus que très lentement, restent fermes et pleins, et leurs germes, nourris, courts et colorés, sont en état de fournir, jusque dans une saison avancée, à une bonne végétation. On peut tirer un grand avantage de cette pratique particulière quand les pommes de terre sont atteintes de maladie : elle offre, outre le moyen de les conserver, celui de reconnaître de suite les tubercules altérés, et de les séparer des tubercules sains, attendu que les parties atteintes ne verdissent pas.

Mais nous ferons observer que les tubercules qu'on a fait verdir par le procédé de M. Vilmorin ne sont bons que pour la semence ou la féculerie : ils ont acquis une saveur âcre qui les rend désagréables à manger.

— Avant de mettre les tubercules de la nouvelle récolte dans les magasins qui ont renfermé des pommes de terre atteintes, il convient d'assainir ceux-ci par un fort lait de chaux formé d'une partie de chaux vive étendue dans 20 parties d'eau très chaude ou bouillante. On délaye cette chaux et on l'étend sur toutes les parois.

Pendant la végétation.

Après avoir indiqué tout ce qu'il faut faire pour conserver les tubercules malades, après l'arrachage, nous allons nous occuper des moyens que l'on doit employer pour empêcher la maladie de reparaître pendant la végétation de l'année suivante. Sa cause et les circonstances qui favorisent son développement étant connues, il s'agit, pour atteindre le but, de détruire l'une et de changer les autres.

Par l'incinération des fanes ou leur réduction en engrais, par les soins que nous avons pris de dessécher ou de chauler les tubercules, ou d'en faire un emploi immédiat, nous avons déjà commencé à détruire le champignon et ses sporules; il faut continuer.

Nous savons que les terrains argileux, compacts, humides, bas et à plat, riches en fumure, favorisent la végétation de ce cryptogame, et qu'au contraire les terres légères, en pente, exposées principalement au midi, lui sont défavorables : il faut donc éviter les uns et rechercher les autres pour les nouvelles plantations.

L'un des moyens les plus sûrs d'empêcher la maladie de reparaître, serait de n'emblaver en pommes de terre que des terrains distants de ceux où elle a déjà sévi.

Voici une série de moyens préservatifs qui sont indiqués par l'expérience, et qu'un cultivateur intelligent emploiera séparément ou simultanément suivant la qualité et la nature du sol, la situation du terrain, l'état des tubercules qu'il veut lui confier, et les matières qu'il a à sa disposition.

Quand la terre a reçu les labours ordinaires, il faut :

1o Brûler, sur place, des matières végétales, pailles, joncs, bruyères, etc. La flamme et la chaleur ainsi que les cendres résultant de l'incinération, détruiront les germes du champignon et des insectes existant sur le terrain, en même temps qu'elles augmenteront la fertilité du sol.

2o Chauler la terre avec de la chaux vive.

3º Éviter de planter tant que la saison n'est pas propice à une végétation prompte : les tubercules enfouis trop tôt pourraient se pourrir.

4º Choisir, pour semence, des variétés de pommes de terre obtenues dans des champs qui n'ont point soufferts, ou tout au moins des tubercules parfaitement mûrs, sains et bien conservés.

5º Varier le plus possible les espèces, afin d'avoir plus de chances de faire une récolte.

6º Chauler préalablement les tubercules avant la plantation, en les plongeant dans un lait de chaux. Faisons observer de nouveau que pour faire cette opération avec succès, il est nécessaire que les tubercules n'aient pas commencé à germer, et que le lait de chaux ait été préparé depuis 24 heures.

7º Quand on plante les tubercules, mettre sur la terre qui les couvre une poignée de menu charbon de bois provenant des fours ou de gros charbons écrasés à cet effet, de façon que la tige de la plante ait à percer cette substance pour se faire jour. — A défaut de charbon, on pourra se servir de cendres qui auront servi à la lessive. — Si l'on n'a pas à sa disposition une quantité suffisante de charbon ou de cendres, on pourra y ajouter moitié ou un tiers de gros sable. — On obtiendrait même un bon résultat par l'emploi du sable seul, qui, en garantissant la plante de l'humidité, s'opposerait, sans doute, au développement de la maladie; mais si l'on se sert du sable seul, on devra en mettre sur les tubercules deux poignées au lieu d'une. — Le noir de fumée, la suie, peuvent encore être employés efficacement.

8° Faire usage de ces substances lors du buttage, si on ne l'a pas fait au moment de la plantation.

9° Activer la végétation et la maturité par tous les moyens possibles, notamment en donnant en temps convenable le buttage, le sarclage et autres façons.

10° Enfin observer tout ce que nous avons déjà prescrit (page 71 et suivantes) pour les cas où les plants sont attaqués par la maladie.

— M. Bassi, de Milan, indique le procédé suivant de chaulage des tubercules avant la plantation : On prend une partie, soit un litre, d'acide sulfurique du commerce, de 60 à 66 degrés aréomètre de Réaumur; on y ajoute 9, 10 ou 12 litres d'eau ; on met les tubercules tremper pendant 10 minutes environ dans ce mélange, et on les plante le même jour ou deux jours après. Si, par un motif quelconque, on ne peut employer l'acide sulfurique, on y suppléera par une forte lessive faite avec de bonnes cendres. Un simple lait de chaux ne suffirait pas, bien que quelques cultivateurs aient indiqué ce moyen. Pour que le lait de chaux puisse répondre au but qu'on se propose, il est nécessaire de faire éteindre la chaux dans la lessive au lieu d'employer simplement l'eau.

M. Bassi, en contestant l'efficacité du chaulage par la chaux, n'a sans doute pas fait attention, dans ses expériences, qu'il suffit que, localement, il se trouve une réaction d'acide pour neutraliser les bons effets de ce procédé.

—M. Pâquet rapporte que des pommes de terre hâtives et tardives, déjà malades, ont été trempées pendant 12 heures dans de l'urine de cheval; que, desséchées, après cette immersion, dans de la suie dont elles se sont légèrement saupoudrées, et plantées, elles ont produit des tubercules qui n'ont offert aucune trace de maladie.

— Toutes les expériences constatent l'efficacité du charbon contre la maladie ; mais le fait suivant mérite particulièrement d'être relaté : Partout, en 1845, les campagnes qui sont entre Maubeuge, Avesnes, Landrecies, Valenciennes, n'avaient offert que des récoltes gâtées. Dans les environs de Berlemont, près la forêt de Maur-Mat, on voyait un champ planté de pommes de terre dont les fanes et les tubercules ne présentaient aucune altération : c'était le seul que la maladie eût respecté à plus de 24 kilomètres à la ronde. Voici ce que disait le paysan, propriétaire de ce champ, à la personne de qui nous tenons cette observation.

« Nous avons la permission des charbonniers de la forêt d'emporter, autant que nous voulons, la poussier qui reste sur la terre après qu'on a fait le charbon. L'année dernière, j'en avais mis sur des choux, sur des pommes de terre et sur des navets, et j'avais remarqué que ces légumes étaient venus très gros et plus tôt que de coutume. Mais ce qui m'avait particulièrement frappé, c'est que mes pommes de terre étaient très bonnes, tandis que celles de mes voisins étaient malades. J'ai attribué ce résultat heureux au poussier de charbon, et, cette année, lorsque j'ai planté mes pommes de terre, j'en ai mis une poignée autour de chaque plant, et, au mois d'avril, je les ai tous recouverts de plus d'un centimètre de cette poussière. »

— Dans la dernière réunion des agriculteurs du canton de Tipperay, dit un journal anglais, le gentleman O'Brien David a fait connaître le fait suivant :

Un de ses enfants, occupé à planter des pommes de terre, s'est avisé d'enfoncer un pois chiche dans la substance d'un tubercule. Ce champ ayant été atteint d'un botrytis (champignon), on vit avec étonnement une tige de pois très vivace, couverte de cosses, à l'endroit où l'enfant avait planté sa pomme de terre inoculée. Le fermier, ayant fouillé la terre, y trouva douze tubercules très bien portants; cette année, il planta tout un are de pommes de terre inoculées, qui présente l'aspect d'un beau champ de pois; il obtiendra de la sorte une double récolte. Tous les fermiers vont le visiter à Southampton-Heck, où est située la ferme d'O'Brien David. Ce remplacement de la fane par une autre tige, ne peut guère s'expliquer que par la catalyse (1), phénomène nouvellement observé, qui parait jouer un grand rôle dans la physiologie des plantes.

— Un autre journal rapporte que le gouvernement prussien a accordé une récompense de 1,400 dollars au docteur Klosch, pour la découverte d'un procédé qui prévient la maladie des pommes de terre. Le célèbre professeur Liebig avait dernièrement trouvé le même procédé, mais la récompense a été décernée au docteur Klosch, parce qu'il l'avait appliqué depuis trois

(1) Force en vertu de laquelle un corps modifie la composition d'un autre corps par sa seule présence et sans changer lui-même de nature, et sans rien perdre de sa quantité. C'est ainsi que l'acide sulfurique convertit l'amidon en sucre et que le ferment transforme le sucre en alcool. Après l'opération, on retrouve la même quantité d'acide sulfurique et de ferment.

ans et sur une grande échelle. — Ce procédé consiste à enlever un demi-pouce environ de la tête de la plante lorsqu'elle a atteint une hauteur de 6 à 9 pouces, et à renouveler cette opération 10 ou 12 semaines après la plantation, sur toutes les tiges.

— Enfin il serait utile aussi que les cultivateurs renouvelassent leurs pommes de terre soit en prenant les tubercules dans les localités où les espèces sont les meilleures et n'ont point été atteintes de la maladie, soit en faisant des semis avec des graines prises dans les mêmes conditions.

MOYENS D'UTILISER LES TUBERCULES ALTÉRÉS.

Il y a plusieurs moyens de tirer parti des pommes de terre pourries.

— Les tubercules étant réduits en bouillie, on les soumet, dans des cuviers, à plusieurs lavages à grande eau. Trois ou quatre lavages suffisent pour débarrasser presque entièrement la matière pulpeuse de son odeur infecte. On la laisse égouter, on la soumet à une forte pression dans des sacs de toile, et on fait sécher les gâteaux qui en résultent, dans le four après la cuisson du pain. On obtient ainsi une matière complètement inodore, facile à conserver et à transporter, qui peut très bien servir à la nourriture des bestiaux, et s'employer à la manière des tourteaux de colza.

— M. Boussingault indique le procédé suivant : Les pommes de terre, cuites à la vapeur, doivent être, pendant qu'elles sont encore chaudes, tassées très fortement et par couches peu épaisses dans un tonneau ouvert. Quand le tonneau est plein, on le démonte et on obtient une masse cylindrique qui, bien qu'exposée à l'air, si elle est à l'abri de la pluie, se conserve pendant plusieurs mois sans altération.

— Le moyen le plus assuré d'utiliser tous les tubercules quel que soit leur degré d'altération, consiste à les soumettre à la râpe, afin d'en extraire la fécule ou d'en conserver la pulpe (1).

Tous les faits pratiques et nos propres expériences démontrent que la pulpe, bien lavée, et mise immédiatement en silos remplis sans interruption, tassée et bien recouverte de terre, peut se conserver légèrement acide, et, dans cet état, être introduite sans inconvénient dans la nourriture des bestiaux. Une addition de 1 p. 100 de sel de cuisine rendrait cette pulpe plus saine et de meilleur usage ; mais il faudrait bien se garder d'ajouter le sel dans le silo même, car, au lieu d'être favorable à la conservation, il en hâterait la putréfaction, comme le prouvent les expériences de MM. Dumas et Pringle.

Au lieu de destiner la pulpe aux bestiaux, on pourrait encore la soumettre directement à la saccharifi-

______

(1) Nous consacrerons plus loin un article aux procédés de l'extraction.

cation, ou la faire dessécher afin de la livrer aux fabricants qui s'occupent de ces transformations.

Dans quelques usines, il serait facile de prolonger la conservation de la pulpe, diminuer son poids de 4 cinquièmes et la rendre transportable à de grandes distances, en la soumettant à la presse, puis achevant sa dessiccation sur une touraille ou dans une étuve à courant d'air (2).

De plus, la substance organique des tissus non dissous dans la saccharification, serait applicable à la préparation des pâtes à carton et papiers d'emballage. Ces résidus, pressés et séchés à l'air, se tiendraient facilement en réserve pour les fabriques, qui les utiliseraient ultérieurement.

— Le plus grand nombre des procédés de conservation que vous venons de rapporter sont généralement applicables dans tous les temps, indépendamment de la maladie spéciale de 1845. La pomme de terre est annuellement sujette à des altérations dont un cultivateur économe doit chercher à les garantir. Il choisira dans ces méthodes celles qui s'approprieront le mieux à son exploitation.

(2) *Voyez* TOURAILLE et ÉTUVE à la Table.

CONSERVATION
DES TUBERCULES EN GÉNÉRAL.

Après avoir indiqué des moyens de conservation dont le plus grand nombre est particulièrement applicable aux cas de maladie, nous allons rapporter ceux qui sont recommandés pour les temps ordinaires, et, à cet égard, nous ne pouvons mieux faire que de transcrire l'*Instruction* publiée en 1829 par la Société nationale et centrale d'agriculture.

EMMAGASINAGE.

— 1° « Communément on se contente de déposer les tubercules dans des celliers, dans des caves non humides ou dans des granges, derrière les gerbes; quelques uns, de plus, prennent la précaution de les éloigner des murs, de les diviser par tas de deux ou trois pieds d'épaisseur, encaissés de toutes parts par des claies ou des branches d'arbre, par des planches, des pailles ou des feuilles sèches, ou même du sable, dont on les recouvre entièrement.

« Cependant la fermentation intestine est encore à craindre; elle provient quelquefois de la pourriture de quelques tubercules froissés ou malsains, échappés au choix que l'on doit toujours faire avant d'emmagasiner. On évite, il est vrai, une partie du danger, en implantant dans les tas des bourrées, des branchages secs, qui établissent des conducteurs par lesquels le gaz et l'air échauffés se dégagent. Toutefois, si nonobstant cette précaution, on s'apercevait de la fermentation, il serait indispensable de remuer les pommes de terre avec une pelle, même de les transporter d'une place à l'autre, opération facile si l'on a eu soin de réserver quelque espace en formant les tas, ou si déjà il y en a quelques uns d'enlevés.

— 2° « Quelques autres cultivateurs font creuser dans un terrain solide et sec, près de la maison, ou dans le champ sur lequel les pommes de terre ont été recueillies, quand il est exempt d'humidité, une ou plusieurs fosses d'une grandeur proportionnée à la quantité que l'on a besoin de conserver.

« La profondeur des fosses doit être telle, qu'il y ait sur les tubercules une épaisseur suffisante de terre pour que la gelée ne puisse les atteindre; il vaut aussi mieux faire plusieurs fosses moyennes ou petites qu'une seule grande, parce que la fermentation y est moins à craindre, et que l'on peut vider en entier une petite fosse, tandis qu'une grande devant être refermée chaque fois, quelque précaution que l'on prenne, il est difficile de la reboucher assez hermétiquement pour que l'introduction de l'air ne soit pas nuisible.

« On peut pratiquer plusieurs rangées de fosses en observant entre elles des intervalles convenables : on les remplit jusqu'à la surface du sol, même de quel-

ques pouces au dessus, en les terminant en dos d'âne ;
on couvre le tout avec la terre extraite, que l'on a ré-
servée autour ; on la dispose en pente, et on la presse
avec le dos de la pelle, de manière qu'elle soit bien compacte, afin que cette terre, élevée en monticule et battue, porte les eaux pluviales en dehors et assez loin du
tas.

— « 3° M. Hazard fils, dans son ouvrage *sur la culture en rayons*, cite encore une autre méthode usitée
en Angleterre, dite *en pâté*, qui parait être préférable
à toutes les autres.

« On les place sur un sol très sec, à l'un des côtés
de la cour, du jardin, ou sur une plate-bande de 5
pieds (1 mètre 68 cent.) de largeur, tracée dans un
champ près de la maison. On pose une couche de
paille sur le sol, on entasse sur celle-ci les tubercules jusqu'à la hauteur de 3 à 4 pieds (1 mètre à 1 mètre 34 cent.); on les recouvre d'une couche de paille et
d'une couche de terre par dessus, que l'on fait assez
épaisse ; on remet ensuite de la paille que l'on établit
en forme de toit, pour empêcher que la pluie ne pénètre ; puis on creuse des rigoles latérales à la plate-
bande pour écouler les eaux et les écarter du pâté,
dans lequel les pommes de terre se conservent jusqu'au printemps suivant. Ce pâté est large et haut de
4 à 5 pieds environ (1 mètre 34 cent. à 1 mètre 68
cent.) ; on les prolonge autant que la provision à conserver l'exige, et on l'entame par un bout ; on

continue jusqu'à la fin, en ayant soin de reboucher l'ouverture à chaque fois.

— 4° « Il est encore un mode de conservation qui a beaucoup d'analogie avec la manière employée par les Anglais. On le trouve décrit dans l'*Instruction* publiée en 1817, par ordre du ministre de l'intérieur ; plusieurs cultivateurs en font usage. A cet effet ils placent les pommes de terre sur la surface du sol , et y établissent des tas séparés en forme de pain de sucre, de 3 pieds (1 mètre) d'élévation , qu'ils recouvrent de quelques pouces de paille, puis d'une masse de terre que l'on dresse et bat avec le dos de la bêche , pour que les eaux puissent s'écouler sans s'infiltrer. On emploie à cette construction la terre qui provient du petit fossé et des petites rigoles que l'on pratique autour du tas; s'ils en fournissaient une trop faible quantité, il faudrait nécessairement en rapporter. Enfin, lorsque les grands froids surviennent, on les recouvre avec du fumier sec, qui doit avoir un pied (33 centimètres) au moins d'épaisseur.

« Quand on a besoin de pommes de terre , on transporte à la maison tout ce que contient le tas, parce qu'il serait difficile de bien garantir la portion restante.

— 5° « A la suite des détails que l'on vient de parcourir, on trouvera sans doute avec plaisir les procédés suivis par deux agronomes distingués, qui, opérant sur deux points différents , ont su employer les moyens que leur offrait chaque localité et surmonter les plus grandes difficultés, c'est à dire, assurer la conservation d'abondantes récoltes de pommes de terre produites par un vaste domaine.

« La fosse à laquelle M. Dailly, propriétaire de la ferme de Trappes, près Versailles, donne le nom de *silo*, a 100 pieds (32 mètres 48 cent.) de longueur sur 16 pieds (5 mètres 33 cent.) de large au fond, et sa profondeur est de 5 pieds 6 pouces (1 mètre 84 cent.), sans compter le surhaussement formé au pourtour par les terres sorties du trou. Les parois sont en talus, de manière qu'à l'ouverture supérieure la fosse a 22 pieds de large (7 mètres 38 cent.)

« Enfin le tout est recouvert d'une légère charpente, qui porte un toit de roseau, comme on en fait dans les campagnes, reposant sur l'ouverture de la fosse, ainsi que cela se pratique pour les glacières. On n'a pas besoin de dire que les terres doivent être bien battues et que les eaux doivent être écartées par des rigoles bien disposées.

« Ce silo, qui contient 6000 hectolitres de pommes de terre, construit depuis quatre ans, n'a pas encore eu besoin de réparations (1).

» Avant de déposer les pommes de terre, elles doivent être bien ressuées ; puis on les recouvre,

____

(1) La construction de ce silo coûte en totalité à M. Dailly, 1794 fr. Cette dépense serait nécessairement moindre dans les localités plus éloignées de Versailles.

après qu'elles y sont mises, avec de la paille et autres débris, qui garantissent la superficie de la gelée, observant toutefois de disposer des cheminées ou ventouses au moyen de branches implantées en différents points. Dans cet état, M. Dailly les conserve jusqu'à la fin d'avril. Cependant si l'on s'aperçoit qu'elles s'échauffent ou végètent, on prévient les suites de la fermentation en leur donnant de l'air et du mouvement, opération que l'on doit répéter plusieurs fois et aussitôt que les germes sont disposés à paraître. Elle se fait en profitant du vide déjà formé par les premiers enlèvements, ou bien l'on en fait un exprès, et alors on y transporte les tubercules, en les faisant passer à mesure sur une grande claie, semblable à celle dont on se sert pour extraire les pierres du sable des routes.

« De cette façon on sépare la terre et les germes déjà forts, on fait circuler l'air, et on ralentit la végétation.

— 6° « Le procédé de M. Riot, propriétaire à Montérisson (Loiret), diffère de celui de M. Dailly en ce qu'il ne place pas sa réserve dans une fosse, mais à la surface du sol; ce qui est un avantage dans les terrains humides. Il a d'ailleurs beaucoup de rapport et supplée efficacement aux méthodes qui consistent à ménager, dans l'intérieur d'une grange ou de tout autre bâtiment de la ferme, une enceinte close avec les claies dont on se sert pour le parc des moutons, ou avec des planches, l'une et l'autre revêtues de pail-laissons, en réservant un passage pour y introduire les racines ou les enlever ; la masse est ensuite entourée et recouverte par les gerbes et par les fourrages.

« C'est un pareil magasin que M. Riot établit dans sa cour, auquel il donne les dimensions qu'exigent ses besoins. Les matériaux dont il se sert sont toujours à sa portée ; on les désigne dans le pays sous le nom de *cotrillon* (petit cotret). C'est une botte de bois de pe-tite dimension, presque cylindrique, serrée par deux liens (1), forme qui la fait préférer au fagot ; celui-ci pourrait cependant le remplacer si on manquait de l'autre (2).

« Sur un terrain horizontal, solide et sec, on éta-blit un lit de cotrillons, rangés trois de front bout à bout sur une longueur de quatre cotrillons, aussi placés bout à bout de chaque côté, qui forment le lit.

(1) Dans le cas où l'on se servirait de fagots, il faut soute-nir les parois par des pieux fortement enfoncés dans la terre en les rapprochant suffisamment, et composer les planchers de deux fagots d'épaisseur, en observant que l'extrémité la plus faible du fagot inférieur soit recouverte par la plus forte du fagot supérieur.

(1) Il faut 320 cotrillons pour construire deux tas, qui con-tiennent 400 hectolitres de pommes de terre ; il faut en outre 80 fagots pour les couvrir. Trois journées d'un homme et d'un jeune aide suffisent pour la construction de ces deux maga-sins, y compris l'ensilage.

« La bordure du premier plancher inférieur est surmontée d'un second rang de cotrillons, posés en retraite de quelques pouces, et assujettis sur les premiers à coups de masse ; ils sont encore unis au moyen de deux parements de cotrillons aiguisés par un bout, qui traversent le fagot supérieur pour s'enfoncer dans l'inférieur. Ceux des encoignures sont en outre consolidés par des attaches d'osiers ou harts, qui les retiennent l'un à l'autre.

« On remplit l'espèce de caisse que forme cet assemblage par des pommes de terre ; on l'exhausse ensuite par un nouveau rang de cotrillons placés en retraite et fixés comme les premiers. On remplit le nouveau vide à son tour, et on construit le troisième rang, qui, après avoir reçu les pommes de terre, est recouvert par un plancher semblable à celui qui est placé au dessous du tas. Ce plancher reçoit une bordure en cotrillons, sur lesquels on amoncelle en pente les pommes de terre. C'est aux deux extrémités de ce plancher que l'on élève les deux pignons, au moyen de cotrillons posés en retraite et fixés comme les premiers, observant de n'en point mettre sur les costières, de diminuer à chaque rang la largeur du pignon, de manière qu'il fasse la pointe au sommet, et d'enfaîter les pommes de terre à mesure que l'on élève les cotrillons, jusqu'à ce que l'on place le dernier en travers, bien assis sur les pommes de terre mêmes.

« Enfin, pour former le toit, on recouvre le tout de fagots ordinaires enlacés les uns dans les autres, en rampant à la manière des javelles d'une couverture en paille. Cela fait, on dresse la toiture avec des gaulettes posées en travers des fagots, sur lesquels elles sont maintenues par des chevilles de bois formant crochet d'un bout, et de l'autre ayant une pointe qui s'enfonce dans les pommes de terre.

« Si l'on est forcé de construire plusieurs magasins, il est avantageux de les adosser les uns aux autres, si la place est suffisante, dans le sens des pignons, attendu que l'on aura moins de bois à employer.

« L'expérience a prouvé à M. Riot que les pommes de terre se ressuent parfaitement dans ces magasins, lors même qu'elles y ont été déposées humides. En effet, l'enceinte de ce dépôt, étant de bois, laisse des interstices par lesquels la chaleur résultant de l'amoncellement des tubercules s'évapore, et fait place à l'air, qui circule dans l'intérieur et le rafraîchit. Cependant, au moment des premières gelées, dont les pommes de terre sont garanties par les fagots, on doit se tenir pour averti de renforcer l'enveloppe ; et c'est ce que l'on fait en l'entourant de fumier bien sec, qui, dans cet état, ne peut porter d'humidité au dedans.

« Lorsqu'au contraire on prévoit des pluies, on se contente de placer des bottes de paille sur la couverture, lesquelles devront être enlevées par le beau temps.

« Si cependant les gelées deviennent trop fortes, c'est alors que les parois extérieures du magasin devront être environnées de fumier bien tassé, formant un contre-mur d'environ 3 pieds (1 mètre) d'épaisseur, et que les pailles du toit seront replacées, puis recouvertes d'environ un pied de fumier pailleux, disposé selon la pente de l'égout, pour éviter l'infiltration de l'eau des pluies et de la fonte des neiges, seuls accidents qui soient alors à redouter.

« Lorsqu'on est parvenu à y échapper, on doit chercher à préserver les tubercules d'une végétation trop active : c'est vers le mois de février qu'elle se manifeste ordinairement, surtout au sommet près de la toiture ; les couches inférieures l'éprouvent moins promptement.

« Au reste, M. Riot a remarqué qu'un simple pelage suffit pour détruire les germes qui se seraient alongés, et que les tubercules peuvent être plantés ou vendus, même donnés aux bestiaux, après avoir été lavés : il dit en avoir conservé jusqu'à la fin de mai, sans jamais avoir été forcé à d'autres soins que ceux désignés ci-dessus. Il a cependant encore l'attention de n'entamer le magasin que par une ouverture faite au pignon. Quelques cotrillons placés sur les pommes de terre mises à nu, et, en cas de gelée actuelle ou probable, un mur de fumier sur ces cotrillons, suffisent, et ne dérangent en rien la solidité de l'ensemble. On a d'ailleurs la précaution de démonter le toit à mesure que l'on pénètre sous le tas ; on pourrait cependant le laisser suspendu sans crainte, mais M. Riot croit cela inutile.

— « 7° Il est encore diverses précautions bonnes à énoncer, quoiqu'elles semblent ne devoir servir de guide qu'à des ménages particuliers, ou à des spéculations mercantiles ; mais elles offrent des moyens économiques, et, par cette saison, ne doivent pas être négligées. Celle que M. Bonnet a conseillée est de ce nombre.

« Il enferme les tubercules dans un tonneau bien sec, préalablement défoncé, puis rétabli avec autant de soin que s'il devait contenir un liquide ; on le dépose ensuite dans un cellier ou une cave à l'abri de la gelée.

« Il assure que les pommes de terre ainsi privées d'air acquièrent un goût plus sucré ; mais les signes de la végétation ne se manifestent plus : ainsi elles ne peuvent plus être employées à la reproduction. Il observe encore que, chaque fois que l'on ouvre un tonneau pour en extraire les tubercules, il faut le recouvrir avec une toile et charger celle-ci de 7 à 8 pouces de balle d'avoine.

« Le défaut de reproduction importe peu à ceux qui consomment ; mais le cultivateur a d'autres vues, et, lorsqu'il se détermine à briser les germes, il conserve toujours sa semence, et n'étale et ne remue sur le plancher du grenier que ce qu'il destine à sa nourriture.

— M. Fiske, américain, qui se livre au commerce en grand des pommes de terre, recommande de laisser en terre les tubercules quelque temps après la maturité, pour qu'ils deviennent plus farineux. — Afin de conserver aux pommes de terre qu'il veut exporter toute leur douceur, toutes leurs qualités et toute leur fraîcheur, il les met dans des tonneaux, et remplit exactement tous les interstices existant entre les tubercules avec du sable ou même de la terre; ce travail se fait le plus rapidement possible. Le tonneau ainsi rempli, l'air ne peut pénétrer et agir sur les tubercules, et la fermentation est prévenue. — Quand les pommes de terre ne sont pas destinées à l'exportation, M. Fiske les place dans des celliers en mettant entre elles une assez grande quantité de terre ou de sable.

—A l'égard de ceux qui font la spéculation de conserver pour vendre dans la haute saison, ils dirigent uniquement leurs soins vers ce but, et aussitôt qu'il n'y a plus de gelées à craindre, ils transportent les pommes de terre dans des lieux secs et aérés, tel qu'un grenier, mais toujours à l'abri de la lumière, attendu qu'elle les ferait verdir et devenir âcres. Ils les étalent sur le plancher par couches minces, les remuent de temps en temps, en continuant de casser les germes à mesure qu'ils se développent.

« C'est à l'aide de ces soins simples, mais assidus, que les cultivateurs des environs de Paris fournissent la halle de pommes de terre très fraîches et très saines, jusqu'à l'arrivée des nouvelles, même au delà ; en sorte qu'on y voit concurremment, dans le mois de juin, juillet et août, des pommes de terre de la récolte précédente avec des nouvelles dites *hâtives*.

« Quoique sans doute il soit plus aisé d'exercer cette industrie conservatrice sur des variétés tardives, néanmoins, au moyen d'une plantation retardée, on parviendrait probablemeut à réussir sur des variétés hâtives. »

PAR PRÉPARATION.

Les anciens habitants des Andes, qui avaient perfectionné la culture des pommes de terre, s'étaient occupés de la conservation comme provision de réserve. Ces pommes de terre, nommées *chunu* ou *chuno*, se préparent de la manière suivante : Dans les régions des montagnes élevées de plus de 4000 mètres au dessus du niveau de l'océan, où il gèle très fort toutes les nuits, ils exposent les pommes de terre sur le sol pendant plusieurs jours. Toutes les nuits, ces pommes de terre gèlent, et, le jour, se dégèlent par l'action des rayons du soleil. Lorsqu'elles sont devenues très molles, les Indiens les couvrent de paille et les foulent avec les pieds, de manière à leur enlever la peau et à leur faire rendre, sans les écraser, toute la partie aqueuse qu'elles contiennent; lorsqu'ils les ont bien exprimées, ils les exposent de nouveau à l'action du soleil, les font entièrement sécher en les garantissant de la rosée, et les conservent ensuite tant qu'ils veulent. La pomme de terre sèche est noirâtre. Lorsqu'on veut la manger, on la met, la veille, dans de l'eau, où elle augmente de volume; on la fait bouillir ensuite comme la pomme de terre ordinaire. Bien que son goût alors soit changé, il la fait néanmoins rechercher encore aujourd'hui comme régal par les habitants de quelques provinces. — En remplaçant, après la gelée, l'action du soleil par celle des étuves, on parviendrait sans doute à préparer le chunu en France, de manière à s'en servir utilement. On pourrait ne pas perdre les pommes de terre gelées accidentellement, et, au contraire, en faire une ressource pour les habitants des régions froides de notre territoire.

— Voici plusieurs autres procédés qui sont particulièrement applicables à la conservation pour les provisions peu considérables :

— Faites cuire, peler et tasser fortement les tubercules dans des tonneaux, vases en grès ou autres. On rendra la superficie bien plane, puis on la couvrira d'une matière grasse comestible (huile ou mélange d'huile et saindoux). On conserve, pendant plus de 6 mois, sans altération, de la substance pulpeuse mise ainsi à l'abri du contact de l'air.

— Plongez les tubercules pendant quelques minutes dans l'eau bouillante; faites-les ensuite sécher en les étendant au soleil sur une claie, puis portez-les au grenier. Ils ne fermenteront pas au printemps, se conserveront bien au delà du temps où l'on commence à en récolter de nouveaux, et n'auront pas le mauvais goût que les ménagères appellent goût de pousse. On peut, sans grand frais, opérer sur plusieurs hectolitres par jour.

— Coupez les tubercules en tranches de 3 à 4 lignes; jetez ces tranches dans un barrique d'eau; faites-les infuser pendant 16 jours dans l'eau, renouvelée tous les deux jours au moyen d'une cheville placée au fond de la barrique; retirez-les et faites-les sécher au grenier. Ainsi préparées, les pommes de terre, privées de leur principe fermentescible, se conserveront indéfiniment, et seront propres à la monture comme aux préparations culinaires.

— On peut simplement, après avoir pelé les tubercules, et les avoir coupés en tranches minces, les faire sécher dans le four après la cuisson du pain ; on obtient encore ainsi de très bons résultats.

EMPLOIS ET USAGES.

La pomme de terre est un des végétaux les plus utiles ; il y en a peu qui reçoivent d'aussi nombreuses applications dans l'économie domestique, dans l'industrie et dans les arts ; mais c'est surtout comme aliment de l'homme et des bestiaux, qu'il est le plus précieux. Nous allons indiquer en détail les divers emplois et usages qu'on en fait soit dans son intégrité, soit dans ses parties élémentaires.

Ainsi que nous le verrons plus loin, quand nous examinerons les produits de la pomme de terre sous le rapport agricole, cette plante est l'aliment le plus nutritif après la viande, le froment, les pois, les fèves, les lentilles et le riz ; mais si elle leur est inférieure sous ce rapport, elle a un avantage immense qu'aucun d'eux ne possède, c'est de pouvoir fournir, en raison de la grande quantité de ses produits dans toutes les terres et sous tous les climats, une alimentation à bon marché aux classes les plus nombreuses de la société. Des populations entières, en Alsace, en Irlande, par exemple, ne se nourrissent que de pommes de terre. On peut dire que c'est l'aliment populaire par excellence. Il est d'ailleurs sain, digestif et convient à tous les estomacs. Il plaît de plus à tous les palais. Qui n'aime pas la pomme de terre ? On n'en peut dire autant des autres légumes. Mais c'est prin_cipalement dans l'art culinaire qu'elle l'emporte sur ceux-ci.

Il n'y en a point qui se prête comme elle à toutes les fantaisies du cuisinier, qui l'apprête sous toutes les formes, ou l'associe à tous les autres mets; et, dans toutes ses transformations, elle ne cesse jamais d'être plus ou moins délicate et agréable.

C'est avec la fécule (1) qu'on lie les sauces et qu'on fait la meilleure bouillie. Dans la pâtisserie, on compose avec cette fécule une foule de gâteaux qui font les délices de la table.

On forme aussi avec la pomme de terre plusieurs espèces de pâtes sèches connues sous les noms de *gruau, semoule, farine,* etc. Mais son emploi le plus important est dans la panification, car c'est sous cette forme qu'elle peut rendre les plus grands services, surtout dans les années où les récoltes des céréales ont peu donné, ou ont été gâtées.

CUISSON.

Avant de décrire les nombreuses préparations auxquelles on soumet la pomme de terre pour l'alimentation des hommes, nous allons d'abord indiquer les procédés qu'on peut mettre en usage pour la faire

(1) Nous nous occuperons plus loin de ce qui concerne particulièrement la fécule.

cuire dans son enveloppe. C'est encore dans la cuisson que se manifeste sa destination providentielle. Aucune substance alimentaire ne demande moins de calorique et de soins. On peut la faire cuire sans appareil ou le moindre appareil suffit. Elle cuit sous la cendre chaude, dans le four après le pain, à l'étouffée, dans l'eau, à la vapeur dans une simple marmite.

Ce qui importe quand on veut manger des pommes de terre, c'est de choisir les meilleures espèces, et, parmi celles-ci, les tubercules les plus mûrs. Plus les pommes de terre ont végété longtemps, de manière à compléter leur maturité, plus elles contiennent de fécule. Le dernier degré de maturité se reconnaît à l'apparence de l'épiderme (peau). Lorsque l'épiderme est brun-grisâtre, rugueux, fendillé, c'est un signe que le tubercule a pu longtemps accumuler la fécule dans son tissu, et qu'il contient la plus forte proportion de ce principe immédiat ; sa chair est plus dense, plus ferme, et le couteau y pénètre plus difficilement ; cuit à l'étouffée ou sous la cendre, il est, comme on dit, très farineux ; il crève et tombe en poussière. Quand au contraire la peau est blanchâtre, unie, les tubercules renferment beaucoup moins de fécule, et sont plus pâteux étant cuits.

C'est principalement quelques temps après la récolte qu'il faut avoir soin de faire ce choix pour la consommation du ménage.

Les espèces les plus renommées pour les préparations culinaires sont la jaune de Hollande, la truffe d'août et les rouges vitelottes.

Quand on a une certaine quantité de pommes de terre à faire cuire, les procédés à la vapeur sont les plus économiques et les plus propres à conserver aux tubercules toute leur qualité. Il y en a plusieurs qui sont simples et peu dispendieux. Les voici :

Règle générale, il faut laver les tubercules avant de les soumettre à la cuisson.

1er *Procédé*. Prenez une marmite de fer, avec un couvercle en tôle fermant bien. Remplissez la marmite de pommes de terre, et jetez-y un verre d'eau ; couvrez et mettez à la crémaillère. La pomme de terre cuite ainsi est sèche, ferme, farineuse, d'un bon goût et d'une odeur qui flatte.

2e *Procédé*. Prenez un chaudron de fer, et remplissez-le d'abord de pommes de terre, puis ôtez celles qui sont sur les bords pour les mettre au milieu comme si le chaudron était comble. Vous faites avec de mauvais linge ou de la toile d'emballage, un bourrelet en façon de boyau ; on remplit ce bourrelet avec du regain, de la mousse, de mauvaises étoupes ou du foin mou. Il ne faut pas presser, et le bourrelet ne doit pas être dur. Vous posez ce bourrelet autour de votre chaudron, et vous l'enfoncez dedans pour que la flamme ne l'atteigne pas ; ensuite vous le mouillez avec un balai trempé dans l'eau. Sur le milieu du chaudron, vous posez un coussin fait avec la même toile et rem-

pli des mêmes matières; alors tout est bien couvert.
Quand le chaudron est à la crémaillère, vous mettez
dessus une pierre plate qui presse et scelle tout cela.
En chargeant votre chaudron de pommes de terre, vous
y mettez une bouteille d'eau ou une demi-bouteille.
C'est alors comme si vous aviez une marmite de la
grandeur de votre chaudron. Tout cela n'est pas bien
difficile à faire, et ne coûte presque rien. Ce qu'il y a
de bon dans cette méthode, c'est que la pomme de
terre est excellente, et qu'il faut moitié moins de bois
pour la cuire. Quand vos pommes de terre seront à
moitié cuites, vous pourrez ôter le chaudron du feu,
et le laisser couvert pendant trois quarts d'heure; elles
finiront de cuire. — Il faut visiter la pomme de terre
de temps à autre, pour apprendre à connaître le point
de la parfaite cuisson. En général, dix à vingt minutes au plus de l'action de la vapeur suffisent pour cuire
parfaitement la pomme de terre, quand on n'en fait
cuire que peu à la fois.

3e *Procédé.* Ayez une chaudière en fonte, et un
tonneau dont le fond soit percé d'ouvertures longitu-
dinales. Placez sur la chaudière remplie d'eau le tonneau contenant les pommes de terre, et parfaitement
couvert. Faites le feu sous la chaudière. La vapeur
de l'eau mise en ébullition passera par les ouvertures
du tonneau et opèrera la cuisson.

4e *Procédé.* Ou bien, ayez une chaudière en fonte
couverte d'un chapiteau garni d'un tuyau; placez à côté

un tonneau rempli de pommes de terre, et faites-y pénétrer la vapeur de la chaudière par le tuyau.

5ᵉ *Procédé*. Une chaudière murée et surmontée d'un chapiteau garni d'un tuyau de conduite, est remplie d'eau, qu'on fait vaporiser comme à l'ordinaire. Au moyen du tuyau, la vapeur pénètre dans une enceinte formée de briques bien cimentées, et remplie de pommes de terre. L'aire de cette espèce de four est inclinée, une porte et un petit canal sont pratiqués dans la partie la plus basse, afin que les pommes de terre puissent se retirer plus facilement, et que l'eau formée par la condensation de la vapeur s'écoule d'elle-même. A la chaudière est adapté un robinet pour retirer l'eau sale après chaque cuite.

Ces derniers appareils ne sont en usage que dans les grandes exploitations, pour préparer la nourriture des bestiaux ou faire du pain.

PANIFICATION.

On a fait, depuis cinquante ans, de nombreuses expériences pour faire du pain avec la pomme de terre seule; mais les résultats qu'on a obtenus jusqu'aujourd'hui sont peu satisfaisants. Ce pain est mat et lourd. La grande difficulté se rencontre dans la nature même de la pomme de terre, qui ne renferme pas, comme les céréales, la substance visqueuse propre à la fermentation panaire, c'est à dire, le gluten, qui liant la pâte et l'enveloppant de toutes parts, se soulève et s'étend avec elle sous l'impulsion des gaz qui tendent à se dégager pendant la cuisson, et laissent dans le pain une infinité de petites cellules. Cependant le pain de pommes de terre, quelque défectueux qu'il soit, est préférable à celui d'avoine; il n'a pas le mauvais goût de celui-ci, et peut être d'un grand secours dans les temps de disette. Parmi les procédés qui paraissent avoir quelque succès, nous citerons celui de M. Quest, cultivateur près d'Arpajon.

On râpe la pomme de terre le mieux possible; on la fait sécher, et ensuite on passe cette farine séchée sous la meule; après quoi on l'emploie comme la farine de froment. Le levain de froment est le meilleur pour lever la pâte; la levure de bière donne un mauvais goût au pain. Ce pain est un peu bis; il craque sous la dent, a une saveur un peu sucrée, une légère odeur de pain de seigle, et n'est point désagréable. — M. Quest dit que, quant à la faculté nutritive de ce pain, comparativement à celui de froment, il n'a aucune donnée, mais que les ouvriers s'en nourrissent, en trempent leur soupe, et n'en mangent pas plus que d'autre pain. — 125 kil. de pommes de terre, à 5 fr., fournissent 50 kil. de farine sèche, qui absorbent par le pétrissage une certaine quantité d'eau, et donnent bien plus de 50 kil. de pain. Par conséquent, ce pain revient à 10 centimes le kilogramme.

— Le mélange des pommes de terre aux farines de céréales donne des résultats bien autrement avantageux sous le rapport de la qualité du pain. Les farines d'orge ou de maïs, on d'avoine, ou de sarrasin, donnent même un pain infiniment meilleur, étant mêlées avec la pulpe de pommes de terre, que si elles étaient employées seules ou ensemble. On a remarqué qu'elles perdaient, par leur mélange avec cette pulpe, leur âcreté et leur amertume. On peut associer la pomme de terre à chacune de ces farines, ou à toutes ensemble, dans des proportions diverses et sous toutes les formes : les uns la font cuire dans l'eau ou à la vapeur, et l'écrasent simplement dans la pâte; les autres la râpent et se servent ainsi de la pulpe fraîche ou sèche; ceux-ci la réduisent en farine, ceux-là n'emploient que sa fécule. Mais c'est toujours de son mélange avec la farine de froment qu'on obtient le meilleur produit ; et l'expérience a démontré que, dans tous les cas, le levain fait avec cette farine était une condition indispensable d'une bonne panification : ce levain doit être porté au cinquième au moins des autres farines employées.

Quand on emploie la pomme de terre cuite dans l'eau ou à la vapeur, il est toujours préférable de la diviser préalablement en la faisant passer de force au travers d'un tamis; et encore, dans ce cas, on ne peut éviter qu'il ne se trouve dans le pain des grumeaux qui donnent à la pâte intérieure un aspect désagréable.

La panification avec la râpure fraîche, égouttée ou

sèche, ne présente pas cet inconvénient, et a d'ailleurs le mérite de l'économie, quand on possède une bonne râpe.

L'emploi de la pomme de terre à l'état farineux, paraît mériter la préférence : le pain est mieux levé et plus léger.

Mais c'est surtout avec la fécule pure, débarrassée du parenchyme, qui, ajoutée aux autres farines, produit le meilleur pain.

— En général, la pomme de terre peut entrer dans la fabrication du pain de ménage pour moitié lorsqu'elle est sèche, pour les deux tiers et même pour les quatre cinquièmes lorsqu'elle est fraîche. Le procédé qui paraît le meilleur pour parvenir à un bon résultat, avec une pareille quantité de pommes de terre, est d'employer deux cinquièmes de pulpe cuite à la vapeur, deux cinquièmes de fécule sèche et un cinquième de farine de froment de première ou de seconde qualité. Ce pain est très mangeable et se conserve plus longtemps frais que celui où il n'entre que de la farine seule.

— Voici un autre procédé de mélange et de manipulation qui réussit également bien. — On prend, par exemple, 20 livres de farine de froment ou de seigle ou d'orge, suivant l'usage ou les ressources du pays; on y délaie le soir, à la fin de la veillée, le morceau de levain de la dernière fournée, avec suffisamment d'eau chaude pour former une pâte extrêmement ferme, qu'on couvre et qu'on laisse dans le pétrin pendant la nuit, comme pour le levain ordinaire. — Le lendemain matin, on fait cuire à la vapeur 25 livres de pommes de terre, on les pèle, et on les mêle chaudes au levain, avec deux onces de sel et assez d'eau pour le fondre; puis on fait le mélange par portions au moyen d'un rouleau de bois, de manière qu'il ne reste aucun grumeau et qu'il en résulte une pâte unie, tenace et visqueuse. Quand ce mélange est achevé, on tourne immédiatement les pains : ils ne doivent pas être de plus de quatre livres. On les met sur couches, et quand ils ont atteint leur apprêt, on les enfourne après avoir eu la précaution de chauffer moins le four que de coutume; on n'en ferme pas aussitôt la porte, et on y laisse la pâte plus longtemps : sans ces précautions essentielles, la croûte du pain serait dure et cassante, tandis que l'intérieur serait humide et pas assez cuit. — Il faudrait avoir environ une livre de farine pour manier et sécher la pâte, et cette farine réunie aux ratissures du pétrin avec le moins d'eau possible, formera le levain de rechef pour la fournée à venir. — En suivant cette manipulation, on est assuré d'obtenir un pain excellent.

FARINE, SEMOULE, GRUAU.

La difficulté de conserver les tubercules tels qu'on les récolte, en raison de la grande proportion d'eau qu'ils recèlent, et qui les soumet aux influences de la gelée ou de la fermentation, a fait chercher les moyens de les dessécher. Nous décrirons les procédés qu'une expérience suivie a fait reconnaître préférables.

1er *Procédé.* On lave d'abord parfaitement les pommes de terre, et on les fait cuire à la vapeur, comme nous l'avons indiqué plus haut; on les épluche à la main au sortir de la chaudière, et une à une, afin d'éviter qu'elles refroidissent; on les écrase au fur et à mesure, en les frappant légèrement avec une pelle, puis on les étend en couche mince sur des nattes de laine, où elles subissent, à l'air libre, pendant douze heures, un premier degré de dessiccation. —On passe la pâte ainsi obtenue dans un vermicelloire, ou dans un cylindre en tôle percé de trous et surmonté d'une trémie, afin de la diviser plus également et de multiplier les surfaces en contact avec l'air atmosphérique; on l'étend alors sur des châssis tendus de canevas, dans une étuve à courant d'air, où la température doit être élevée constamment jusqu'à 60 et 70 degrés. — Lorsque la dessiccation de la pâte est terminée, on porte cette substance au moulin, et là, en écartant plus ou moins les meules, et passant le produit broyé dans des tamis ou dans des bluteaux dont la toile est plus ou moins serrée, on obtient des produits de diverses grosseurs, auxquels on donne les noms de *gruau, semoule, farine,* etc.

2e *Procédé.* Après avoir lavé les tubercules et les

avoir fait cuire à la vapeur, on les pèle et on les froisse dans les mains pour les diviser ; après quoi on les fait sécher à l'étuve ou au four à la sortie du pain. Ensuite on moud cette pâte sèche, soit dans un moulin à café ou de toute autre manière, puis on la passe au tamis de soie : ce qui sort par le tamis est ce qu'on nomme *polenta farine*, et ce qui est resté dedans est la semoule. Cette farine est saine et fait des bouillies excellentes.

3e *Procédé.* On coupe les tubercules en tranches minces avec un coupe-racine, ou bien on les écrase ; on les jette au fur et à mesure dans une barrique pleine d'eau. Tous les jours, pendant huitaine, on renouvelle l'eau au moyen d'une cheville placée à un pouce du fond de la pièce. Cette infusion opérée, on presse les pommes de terre par petites portions dans un sac ou sous une simple presse à levier. Ainsi pressurées, on les fait sécher sur un drap garni d'un peu de paille en dessous. Sèches, elles rendent en farine 28 pour 100 de leur poids primitif, au lieu de 16 à 17 pour 100 qu'elles donnent en fécule.

FARINE AVEC DES TUBERCULES GELÉS.

Les *pommes de terre gelées* peuvent également servir à faire une farine de bonne qualité. Voici de quelle manière il faut les traiter.

1er *Procédé.* D'abord on les comprime lors de leur premier ramollissement. Dans cet état, on les lave à plusieurs eaux ; on les laisse en infusion une nuit dans la dernière eau ; on les comprime le lendemain ; on les étale dans un grenier où elles se sèchent parfaitement sans autre soin. Au bout d'un certain temps, on les écrase dans un mortier, puis on les tamise. Le parenchyme et la fécule passent à travers le tamis. Ces substances, mélangées à poids égal avec de la farine de froment, donnent à la cuisson un pain salubre et nourrissant et qui est très économique.

2° *Procédé*. Il faut en premier lieu faire dégeler les pommes de terre en les plongeant dans de l'eau très froide, puis successivement dans de l'eau tiède et de l'eau douce. Pendant que les tubercules passent dans ces différentes eaux, on a soin qu'elles se déchargent le plus possible de la terre qui y adhère. — On dépose les tubercules dans un bouge, une cuve ou un tonneau défoncé; on les coupe par tranches. Le vaisseau qui reçoit les pommes de terre ne doit être rempli qu'aux 2/3 de tubercules; on ajoute de l'eau jusqu'au bord. — Le premier jour, on changera deux fois l'eau, les jours suivants on peut négliger cette précaution jusqu'à ce qu'on aperçoive une écume blanchâtre monter à la surface, et qu'une odeur aigre se fasse sentir : alors il faut comme auparavant changer l'eau deux fois par jour. — Ce séjour de la pomme de terre dans l'eau, c'est à dire, sa macération, se prolonge communément pendant 10 à 15 jours : cela dépend de la chaleur du lieu où l'on opère, de la quantité d'eau employée, et de la fréquence de ses renouvellements. On reconnaît qu'il est temps de retirer les pommes de terre, à la décomposition de leur enveloppe extérieure, et à la réduction du tout en forme de bouillie. — La pomme de terre suffisamment macérée, enfermez-la dans un sac de grosse toile, et soumettez-la à l'effet d'une presse ou d'un pressoir, pour faire sortir l'eau qu'elle contient. — Cette pâte, retirée du pressoir, émiettez-la, étendez-la ensuite sur des claies, et faites-la sécher dans un lieu chaud, ou plutôt au four, une heure après la cuisson du pain. Si le temps est favorable, cette dessiccation peut avoir lieu dans un grenier, dont l'air sera fréquemment renouvelé. Plus la dessiccation est prompte, plus le résultat est avantageux. — Enfin soumettez ce résultat à l'action d'un pilon ou d'un moulin, afin de le convertir en farine, et conservez-le dans un lieu sec pour l'usage.

3ᵉ *Procédé.* On fait dégeler et on lave les tubercules comme précédemment, puis on les écrase sous une meule d'huilier, jusqu'à ce qu'ils soient réduits en pâte. Cette pulpe pâteuse est portée dans un crible d'avoine solidement fixé au dessus d'un cuvier. On remue cette pulpe jusqu'à ce que la totalité, moins les morceaux trop gros, soit tombée dans le cuvier, qui est rempli d'eau aux deux tiers. Quand le cuvier est rempli, on laisse déposer environ dix minutes, on décante ; on remet de nouvelle eau, puis, après un second repos, on décante encore. Cette opération se répète jusqu'à ce que l'eau sorte bien claire. Alors on met la pâte à égoutter dans des sacs à claire-voie, qu'on peut soumettre à une faible pression. On fait sécher et on réduit en farine comme précédemment.

PRÉPARATIONS CULINAIRES.

Comme nous nous sommes proposé de faire connaître la pomme de terre sous le point de vue de son utilité relativement à l'homme, notre travail serait incomplet si nous passions sous silence, dans la crainte de rabaisser notre sujet, ses précieuses préparations dans l'art de la cuisine. Nous allons donc entrer dans quelques détails concernant les apprêts qu'on lui fait subir pour la faire paraître avec honneur sur nos tables. Nous pensons d'ailleurs, en donnant les recettes de certaines préparations, rendre service à un grand nombre d'habitants de la campagne qui ne connaissent pas tout le parti qu'ils peuvent tirer de la pomme de terre pour l'agrément de leur nourriture, souvent sans augmenter leurs dépenses.

Disons d'abord que, bien que toutes les bonnes espèces de pommes de terre puissent à la rigueur être employées pour les mets que nous allons décrire, il y en a cependant parmi elles qui sont préférables en raison ou de leur meilleure qualité ou de la texture de leur pulpe. D'un autre côté, telle espèce qui convient pour certaines préparations ne convient pas pour d'autres.

Généralement la *ronde jaunâtre*, la *blanche longue*, la *ronde* et la *longue rouge*, ayant la chair plus délicate, sont préférées dans la cuisine.

— *Gâteau économique avec des pommes de terre.* On fait cuire des pommes de terre sous la cendre; on les épluche et on les réduit en pâte; on met une livre de cette pâte dans une terrine; on y ajoute six jaunes d'œufs et quatre onces de sucre en poudre. On pétrit le tout ensemble; on y mêle ensuite l'écorce d'un citron râpée, le jus de citron et les six blancs d'œufs; on met le tout dans une tourtière graissée, afin que le gâteau ne s'y attache pas. Vous lui ferez former sa croûte et prendre couleur sous le four de campagne.

— *Gâteau de Savoie.* Prenez une livre de sucre, six onces de fécule de pommes de terre, deux onces de farine de froment cuite au four, et deux œufs. Mettez la livre de sucre dans une terrine, avec les jaunes d'œufs (les blancs à part dans un bassin de cuivre non étamé); battez bien l'appareil avec deux spatules, et incorporez-y l'odeur que vous jugez à propos; joignez-y la fécule, la farine, et les blancs d'œufs fouettés, et mêlez-les légèrement avec l'appareil; que la pâte ne soit pas trop maniée, mais qu'elle le soit assez. Ayez un moule bien nettoyé et beurré avec du beurre clarifié glacez-le avec du sucre mêlé de farine, puis remplissez le moule avec la pâte, et faites cuire au four modérément chaud. Quoique le gâteau brunisse sur le dessus, on ne doit rien craindre pour le dedans. De la même pâte on peut faire des biscuits en moules de différentes grosseurs.

— *Autre gâteau de pommes de terre.* Vous prendrez une douzaine de pommes de terre (préférez les jaunes et les plus farineuses); vous les ferez bouillir avec leur peau; vous les pèlerez et les jetterez encore chaudes dans une jatte de bois; vous y joindrez quatre macarons émiettés, deux cuillerées de miel, un demi-verre de bière, une bonne cuillerée d'eau-de-vie; vous pilerez; le tout se convertira en une masse bien malaxée et très tenace. Pendant la cuisson des pommes de terre, vous aurez bien nettoyé une poignée de raisin de Corinthe, ou, à leur défaut, de gros raisin de passe; mais vous aurez soin de couper ceux-ci et de retirer leurs pépins; vous mettrez ce raisin avec la pâte, que vous pétrirez légèrement, afin de l'y bien faire entrer. Après avoir ensuite bien graissé une casserole ou une tourtière, vous laisserez revenir votre pâte dans un lieu chaud; vous la dorerez avec un œuf, et vous la mettrez au four, de façon qu'elle soit d'abord saisie. Ce mets se sert froid, et vaut une frangipane. Il faut le couper en tranches de l'épaisseur du doigt; retournez ces tranches dans la farine, et faites-les frire dans l'huile, au beurre ou au saindoux. Avant de les servir, on jette par-dessus un peu de sucre en poudre. On peut aussi manger ce gâteau avec une sauce composée de beurre, que l'on fait simplement fondre, et dans lequel on jette, au moment de servir, une poignée de cassonade ou de sucre en poudre, en y ajoutant un peu de muscade à volonté.

— *Fromages de pommes de terre.* On fabrique, dans la Thuringe et dans une partie de la Saxe, des fromages de pommes de terre qui sont très recherchés. En voici le procédé :

Des pommes de terre de bonne qualité étant bouillies et pilées, on les réduit en pâte dans un mortier ou par tout autre moyen. A 5 livres de cette pulpe, qui doit être bien égale et bien homogène, on ajoute une livre de lait aigri et la quantité de sel nécessaire. On pétrit ce mélange, on le couvre, et, au bout de trois ou quatre jours de repos, suivant la saison, on le pétrit de nouveau ; après quoi on place les fromages dans de petites corbeilles, où ils perdent leur humidité superflue. Quand on les juge suffisamment égouttés, on les met sécher à l'ombre après les avoir disposés par lits dans de grands pots ou dans des tonneaux : on les laisse dans cette position pendant quinze jours.

On fait encore deux autres espèces de ces fromages : dans la première, on mêle quatre parties de pommes de terre avec deux parties de lait caillé ; la seconde contient 2 livres de pommes de terre sur 4 livres de lait de vache ou de brebis.

Les fromages acquièrent de la qualité à mesure qu'ils vieillissent. Ils ont en outre l'avantage de ne pas engendrer de vers et de se conserver frais pendant plusieurs années, pourvu qu'on les tienne dans un lieu sec, enfermés dans des vaisseaux bien clos.

Autre fromage. Mêlez parties égales de lait caillé et de pommes de terre bouillies et pilées ; assaisonnez de sel et de poivre, et faites-en des fromages (ces fromages deviennent meilleurs en vieillissant). On laisse reposer le mélange pendant trois à quatre jours ; on pétrit de nouveau ; on met sécher à l'ombre , on entasse les fromages dans des tonneaux. Les proportions de lait caillé et de pommes de terre varient ; on peut mettre un litre de lait caillé pour cinq livres de pulpe, ou deux litres de lait pour quatre livres de pulpe, et *vice versâ.*

Autre fromage. Prenez et pelez douze pommes de terre de bonne qualité, cuites à l'eau ; pilez-les dans un mortier et passez-les à travers la passoire; broyez-les ensuite en y ajoutant quatre œufs entiers l'un après l'autre , avec un peu de sel fin. Râpez dans une assiette une demi-livre de fromage de Gruyère. Beurrez le fond d'un plat qui aille au feu ; couvrez-le d'une couche de votre pâte de pommes de terre, et répandez dessus un lit de fromage avec quelques petits morceaux de beurre frais ; mettez une nouvelle couche de pâte, puis du fromage et du beurre , et ainsi de suite jusqu'à ce que tout soit employé, mais finissez par du fromage. Posez le plat sur un feu doux ; couvrez-le du four chaud, et plein de braise , et laissez ainsi une demi-heure. Servez chaud. Le dessous doit être doré.

— *Flan de pommes de terre.* Pilez dans un mortier, pendant une demi-heure, six pommes de terre cuites à l'eau ; ajoutez une demi-livre de beurre frais fondu, du sel fin, et douze jaunes d'œufs ajoutés peu à peu ; après avoir bien pilé, mêlez-y les blancs d'œufs battus et réduits en neige ; garnissez le fond d'une casserole d'un rond de papier beurré ; beurrez-en les bords ; versez le mélange dedans ; couvrez-le d'un couvercle chargé de braise ; faites cuire une demi-heure au bain-marie. Servez avec un coulis aux champignons et aux truffes, ou avec de la crême, en ajoutant de la vanille ou autre aromate, et une demi-livre de sucre en poudre.

— *Boulettes aux pommes de terre.* Faites cuire à demi une certaine quantité de pommes de terre ; épluchez-les, et réduisez-les en poudre grossière ; mêlez-y de la farine, environ un seizième de leur poids ; ajoutez-y du sel, du poivre et des herbes ; mélangez le tout à un degré d'épaisseur convenable, au moyen d'eau bouillante, et faites-en des boulettes de la grosseur d'une pomme. Roulez ces boulettes dans de la farine, pour empêcher l'eau d'y pénétrer ; puis laissez-les cuire dans de l'eau bouillante jusqu'à ce qu'elles surnagent ; elles seront alors assez cuites. Ces boulettes sont un manger très agréable, si l'on y joint un peu de viande hachée et broyée, du hareng saur pilé ou du pain grillé.

—*Quenelles de pommes de terre.* Faites cuire des pommes de terre dans de la cendre rouge; pelez-les et pilez-les avec un morceau de beurre, sel, poivre et ciboule hachée, et des jaunes d'œufs en proportion de la quantité de pommes de terre. Fouettez des blancs d'œufs en neige; mêlez-les avec le reste. Faites des boulettes, et jetez-les doucement dans de l'eau salée et bouillante; laissez-les cuire une demi-heure et re-tirez-les avec l'écumoire. Quand elles sont égouttées, faites-les bouillir un quart d'heure dans un coulis de bon goût ou dans une sauce de fricassée de poulet. On peut aussi les mettre en tourte avec des culs d'ar-tichauts et des champignons.

—*Beignets de pommes de terre.* Prenez et pelez huit pommes de terre de bonne qualité, cuites sous la cen-dre; mettez-les dans un mortier avec une cuillerée d'eau-de-vie, gros comme un œuf de beurre, une cuil-lerée de crême, et une demi-cuillerée à café de sel fin; pilez longtemps et ajoutez de temps en temps un œuf entier, jusqu'à ce que la pâte devienne d'épaisseur à pouvoir se rouler en boulettes; alors faites-en de grosses comme des noix; farinez-les tout autour, fai-tes-les frire, et saupoudrez de sucre. Servez brûlant.

— *Pommes de terre sous le four de campagne.* Prenez et pelez douze pommes de terre de bonne qualité, cui-tes sous la cendre; mettez-les chaudes dans une ter-rine avec un quarteron de beurre, sel, poivre et un verre de lait; broyez jusqu'à ce que le beurre soit mêlé et fondu. Garnissez d'une légère couche de beurre le fond d'un plat qui aille au feu, et versez vos pommes de terre dessus ; étendez-les de dix-huit lignes d'épaisseur, et unissez le dessus, que vous marquerez en losanges avec le dos d'un couteau. Posez le four de campagne chaud et plein de braise sur votre plat ; point de feu dessous. Quand le dessus est doré et forme une croûte, servez. Il faut environ dix minutes.

— *Pommes de terre en salade*. Lorsque vos pommes de terre sont cuites, pelez-les toutes chaudes et coupez-les en rouelles minces. Mettez-les dans un saladier, et accommodez-les, chaudes ou froides, comme une salade ordinaire, en observant néanmoins qu'il leur faut plus d'assaisonnement, surtout de vinaigre. Vous pouvez y ajouter, si vous voulez, du cornichon confit, du poivre, du cerfeuil ou de la ciboule, etc. Les pommes de terre rouges sont préférables.

— *Pommes de terre aux échalottes*. Prenez des pommes de terre rouge de bonne qualité, cuites à l'eau, pelez-les, coupez-les en rouelles minces. Maniez un fort quarteron de beurre frais avec deux échalottes et une pincée de persil hâchés, du poivre, du sel et un demi-jus de citron ; mettez ce mélange dans une casserole avec vos pommes de terre chaudes ; sautez le tout jusqu'à ce que le beurre soit fondu ; et servez de suite.

— *Pommes de terre à la maître-d'hôtel*. Coupez en rouelles minces ou en long et en quatre des pommes de terre, de préférence des rouges longues, cuites à l'eau et chaudes; mettez-les dans une casserole avec un bon morceau de beurre frais, un peu d'ail haché, une demi-cuillerée d'eau chaude, un filet de jus de citron, poivre et sel. Sautez-les de temps en temps sur un feu doux, jusqu'à ce que le beurre soit fondu. Servez le plus promptement possible.

— *Pommes de terre à l'anglaise.* Elles se préparent comme les pommes de terre à la maître d'hôtel; seulement on y ajoute de la muscade, et l'on n'y met ni citron ni fines herbes.

— *Pommes de terre à la sauce blanche.* Vos pommes de terre étant cuites et coupées comme pour une salade, tenez-les le plus chaudement possible. Ensuite délayez de la fécule de pommes de terre avec un morceau de beurre, du bouillon, du sel et du poivre, sur un feu doux. Aussitôt que cette sauce sera suffisamment liée, vous y jetterez, si vous voulez, quelques anchois hachés et des câpres, et en arroserez vos pommes de terre, que vous aurez mises sur un plat. Servez le plus chaud que vous pourrez.

— *Pommes de terre en ragoût.* Mettez un demi-quarteron de beurre dans une casserole avec une cuillerée de farine; faites roussir d'une belle couleur; mouillez avec deux verres de bouillon chaud et dégraissé; ajoutez un bouquet garni, poivre, très peu de sel, un quarteron de petit lard sans rance et coupé en plusieurs morceaux; mettez dans ce ragoût une vingtaine de petites chinoises crues, pelées à l'avance; dès qu'elles sont cuites, dégraissez la sauce et servez avec le lard; faites attention qu'elles ne soient pas écrasées. Si vous n'avez pas de chinoises, prenez des longues rouges, et parez-les en morceaux gros comme des noix.

— *Pommes de terre à la crême.* Mettez un bon morceau de beurre dans une casserole, plein une cuillère à bouche de farine, du sel, du gros poivre, un peu de muscade râpée, du persil, de la ciboule bien h-chée; mêlez le tout ensemble; mettez-y un verre de crême; placez la sauce sur le feu et tournez-la jusqu'à ce qu'elle bouille. Coupez en tranches des pommes de terre cuites et pelées et mettez-les dans votre sauce. Servez bien chaud.

— *Pommes de terre au verjus.* Mettez dans une casserole deux cuillerées de verjus, autant de coulis, sel, gros poivre, ciboules, échalottes hachées bien menu; faites en sorte que votre sauce soit bien claire; faites-la chauffer et jetez-y vos pommes de terre cuites et coupées en tranches minces. Vous les servirez après les avoir fait mijoter quelques minutes.

—*Pommes de terre aux champignons.* Pelez et coupez en tranches des pommes de terre cuites dans de l'eau et du sel, ou mieux comme il est indiqué pour celles en salade; mettez-les dans une casserole avec de la ciboule, des champignons, le tout haché, et un bon morceau de beurre; passez-les sur le feu; ajoutez-y une pincée de farine; tournez-les bien et mouillez-les avec du bouillon; assaisonnez-les de sel et gros poivre. Faites cuire le tout. Aussitôt que la sauce sera suffisamment réduite, vous la lierez avec des jaunes d'œufs. Ajoutez, au moment de servir, du jus de citron, ou un peu de verjus; et, à défaut de l'un et de l'autre, un petit filet de vinaigre.

— *Pommes de terre en ciboulettes.* Réduisez en pâte des pommes de terre cuites comme il est dit de celles en salade, et mêlez-les bien avec une égale quantité de hachis fait avec des parures ou restes de viande, et assaisonné de beurre, sel, poivre, persil, ciboules, échalottes, hachés; liez le tout avec quelques jaunes d'œufs, et formez-en des boulettes de moyenne grosseur; trempez-les dans des blancs d'œufs fouettés; roulez-les dans la farine et faites-les frire. Vous les servirez soit garnies de persil, soit avec toute sauce qui puisse leur convenir.

— *Pommes de terre à la barigoule.* Prenez des pommes de terre crues, d'une moyenne grosseur, pelez-les et mettez-les cuire dans un bouillon gras ou maigre, et de l'eau, avec un peu de bonne huile, un peu de sel et de poivre, des racines, quelques ognons, un bouquet de persil garni; quand elles seront cuites et qu'il n'y aura plus de sauce, laissez-les frire un moment et prendre une belle couleur; vous les servirez alors avec une sauce à l'huile, vinaigre, sel et gros poivre.

— *Pommes de terre à l'allemande.* Épluchez 12 belles

pommes de terre, coupez-les en tranches bien minces ; faites-les cuire dans de l'eau et à grand feu ; lorsque vous présumez qu'elles sont bonnes à mettre en purée, égouttez-les ; faites-en une pâte et remettez-les dans la même casserole ; posez-les de nouveau sur le feu, remuez fortement cette préparation avec une cuillère de bois ; ajoutez un quarteron de beurre, sel, poivre, muscade, persil haché ; cassez trois œufs entiers dedans ; il faut toujours remuer votre purée jusqu'à ce qu'elle devienne solide ; laissez-la refroidir ; ayez du beurre clarifié dans un grand plat à sauter, couchez vos pommes de terre comme des grosses quenelles ; faites-les colorer sur un feu ardent, retournez-les afin qu'elles soient colorées également.

— *Pommes de terre à la hollandaise.* Lorsque vous aurez mis vos pommes de terre en pâte, comme précédemment, passez cette pâte ; assaisonnez-la de sel, poivre et fines herbes hachées ; mouillez-la avec un peu de jus de bœuf ; formez-en des boulettes ; trempez-les une à une dans des œufs bien battus, et faites-les frire. Vous les garnirez de persil frit.

— *Pommes de terre à la sybarite.* Procédez comme il est indiqué pour les pommes de terre à la hollandaise ; mais, au lieu de mouiller votre pâte avec du jus, vous le ferez avec de la crême ou du lait, et mettrez un peu de sucre en poudre à la place de poivre.

— *Pommes de terre à la provençale.* Coupez en tranches un peu épaisses des pommes de terre cuites et pelées, mettez-les dans une casserole avec de bonne huile, du persil, des ciboules, un peu d'ail, le tout haché menu ; ajoutez-y sel, gros poivre, jus de citron ou un filet de vinaigre ; faites-les chauffer, et servez. On peut parer ce plat de quelques hanchois dessalés.

— *Pommes de terre en matelote.* Coupez en tranches des pommes de terre cuites comme il a été dit plus haut ; mettez-les dans une casserole avec du beurre, du sel, du poivre, du persil et de la ciboule, bien hachés ; saupoudrez le tout d'un peu de farine, mouillez-le avec du bouillon et suffisante quantité de bon vin. Faites-les bouillir et réduire à courte sauce.

— *Pommes de terre au blanc.* Mettez dans une casserole avec persil et ciboules hachés, vos pommes de terre cuites et coupées comme celles en salade ; faites-les revenir, mouillez-les avec du lait ; ayez soin de les bien tourner, et servez-les avant qu'elles bouillent.

— *Pommes de terre sautées au beurre pour garniture.* Après avoir bien épluché et lavé une certaine quantité de pommes de terre, coupez-les en rond ou en long, ou laissez-les entières. Mettez-les dans un sautoir, et versez dessus du beurre fin que vous aurez fait clarifier. La proportion est d'une livre de beurre pour trois douzaines de pommes de terre de moyenne grosseur. Mettez-les sur un feu très ardent ; mettez aussi du feu sur le couvercle du sautoir. Après quelques minutes, il ne faut plus qu'un feu doux dessous et dessus. On laisse ainsi les pommes de terre jusqu'à ce qu'elles aient pris une belle couleur jaune, en ayant soin de les remuer de temps en temps. Lorsqu'elles sont bien rissolées, vous les faites égoutter, puis vous les sautez dans du beurre frais, en y ajoutant un peu de glace (gelée) de veau.

— *Pommes de terre farcies.* Lavez et pelez huit cornes de vaches les plus grosses possible, fendez-les en long par le milieu, creusez-les adroitement jusqu'à ce qu'elles soient réduites à 2 lignes d'épaisseur. Ensuite prenez deux pommes de terre cuites sous la cendre et pelées, deux échalottes hachées, 2 onces de beurre, un petit morceau de lard gras et frais, une pincée de persil et ciboule hachés; pilez le tout dans un mortier avec un peu de poivre et de sel, et formez-en une pâte liée. Beurrez l'intérieur des pommes de terre creusées, emplissez-les de cette pâte, de manière que le dessus soit bombé, et arrangez-les sur une tourtière préalablement garnie de beurre frais. Placez cette tourtière sur un feu modéré, et couvrez-la du four chaud et plein de braise. Au bout d'une demi-heure, si le dessus et le dessous des pommes de terre sont rissolées, servez.

— Règle générale : de quelque manière que les pommes de terre aient été cuites, il faut éviter qu'elles se refroidissent lorsqu'on se propose de les diviser et de les mêler avec des ingrédients.

— On soumet encore la pomme de terre à un grand nombre d'autres préparations, que nous croyons pouvoir nous dispenser de décrire, parce qu'elles sont généralement bien connues; telle est, par exemple, la cuisson au lait, en purée, en friture, etc.

FACULTÉ NUTRITIVE.

D'après les expériences entreprises, en 1825, par un professeur de la Faculté de médecine de Paris, sur la faculté nutritive des pommes de terre appliquées à l'alimentation de l'homme, il a été constaté que 45 kilogrammes de parmentières égalent en faculté nutritive :

15 à 16 kilog. de pain ;

11 kilog. de viande sans os ;

14 à 16 kilog. d'un mélange de 11 à 12 kilog. de pain et 3 à 4 kilog. de viande ;

15 kilog. de pois, fèves, lentilles, ou riz, à l'état sec ;

24 kilog. des mêmes substances sèches ;

90 kilog. de carottes ;

135 kilog. de navets ;

180 kilog. de chaux.

Plus tard, en 1827, Vauquelin et Percy présentèrent au ministre de l'Intérieur un travail duquel il résulte que une livre de bon pain nourrit mieux que 2 livres et demie de pommes de terre; que 75 livres de pain et 30 livres de viande ne contiennent pas plus de substance nutritive que 3 quintaux (300 liv.) de pommes de terre; ou bien que trois quarts de livre de pain et trois dixièmes de livre de viande nourrissent autant que 3 livres de pommes de terre.

En supposant qu'un hectare ensemencé en blé donne 1,250 kilog. de pain, le produit d'un hectare planté en pommes de terre donnerait en substance nutritive une masse égale à 3,266 kilog., ou deux fois et demie autant, en ne comprenant pas la paille. Si donc toutes les terres ensemencées en blé étaient plantées en pommes de terre, la France pourrait nourrir près de 100,000,000 d'hommes, en supposant que ce mode d'alimentation soit possible.

Nous ferons sur ces calculs une observation, c'est que pour déterminer d'une manière absolue la faculté nutritive d'une substance relativement à une autre, il faudrait que tous les estomacs fussent aptes à les élaborer également ; ce qui n'est pas. On ne peut nier ce fait de physiologie, que la même substance peut être très nourrissante pour un individu et peu pour un autre, suivant que leurs estomacs sont plus ou moins propres à fluidifier, à convertir en chyme (1) cette espèce d'aliment, et leurs intestins à opérer la

---

(1) Le *chyme* est une sorte de pulpe grisâtre et homogène que forment les aliments au bout d'un certain temps de séjour dans l'estomac, et qui, dans les intestins, se partage en deux parties, l'une qui constitue le chyle, et l'autre qui est rejetée au dehors, et qu'on nomme les excréments.

séparation du chyle (1) et son absorption. Cette différence est plus remarquable encore chez le même individu aux différentes périodes de la vie : telle substance qui était très nourrissante dans la jeunesse, ne l'est plus autant dans un âge avancé. Les chiffres rapportés ci-dessus ne peuvent donc être qu'approximatifs. Remarquons d'ailleurs qu'on ne peut arriver à ces résultats que par des expériences et des observations comparatives, et que l'on ne parviendra jamais, par les procédés analytiques de la chimie, à pouvoir dire qu'il y a dans telle substance tant de parties élémentaires du chyle, et tant dans une autre. Les parties constitutives des aliments subissent dans l'estomac des transformations qu'il n'est point donné à la science de pouvoir calculer.

NOURRITURE POUR LES BESTIAUX.

L'emploi de la pomme de terre pour élever, nourrir et engraisser le bétail, a pris beaucoup d'extension, et il mérite aussi les éloges qu'on lui a donnés à cet égard.

Les pommes de terre s'administrent crues ou cuites aux bestiaux. Dans les deux cas, il faut préalablement les laver.

(1) Le *chyle* est un liquide blanchâtre qui se sépare du chyme, est absorbé par certains vaisseaux et se mêle au sang qui le charrie dans tous les organes. Ce liquide est la seule partie nutritive des aliments.

Le lavage se fait à bras par les moyens ordinaires, ou par des procédés mécaniques, suivant l'importance de l'exploitation.

La machine la plus simple consiste dans un tonneau traversé par un axe sur lequel on le fait tourner après l'avoir rempli à moitié de pommes de terre et d'eau. On renouvelle cette eau à plusieurs reprises, jusqu'à ce qu'elle sorte claire.

On se sert beaucoup en Allemagne d'une machine à laver plus compliquée dont nous croyons devoir donner la description. — On a une caisse ou auge. Dans cette caisse est enfermée l'eau de lavage. On peut rendre cette caisse portative au moyen de deux mancherons extérieurs. Aux deux côtés opposés de cette même caisse, et à la partie supérieure et centrale, on a pratiqué des entailles qui reçoivent l'axe de rotation d'un *tambour-laveur*, qui est indépendant de la caisse et du brancard, dont les deux branches sont munies de crochets, qui servent à enlever, quand on le veut, le *tambour-laveur*. Cette dernière pièce est d'une construction bien simple : à deux disques opposés et parallèles sont clouées des lattes assez éloignées les unes des autres pour laisser passer les pierrailles et la terre qui se trouvent dans les parmentières, mais assez rapprochées pour ne pas laisser passer les tubercules. Sur les flancs du tambour, on a ménagé une trappe ou porte, qui se ferme et s'ouvre à volonté, au moyen

d'un crochet. Les brancards forment un levier, ou
mieux une bascule. A l'extrémité opposée à celle qui
est destinée à enlever le tambour, on place un contre-
poids, qui marche sur quatre roues. Quand on veut
laver les pommes de terre, on approche le contre-
poids du point d'appui ou de suspension. On fait agir
le tambour-laveur pendant environ une minute, en
ayant soin que sa partie inférieure ait 2 ou 3 pouces
d'eau. Quand les pommes de terre sont propres, on
roule le contre-poids à l'extrémité du levier, et, si on
lui a donné une pesanteur convenable, le tambour-
laveur se tient en l'air. On ouvre le clapet et la porte,
et les pommes de terre tombent sur une planche ou
trémie qu'on a disposée au dessus de la caisse; de là
les tubercules tombent dans des sacs, des corbeilles,
des paniers, etc. Trois hommes sont nécessaires pour
faire fonctionner cette machine sans interruption. L'un
a pour unique besogne d'apporter les tubercules; un
autre tourne la manivelle et place la trémie; enfin, le
troisième rapproche le contre-poids rotatif ou l'éloigne suivant qu'il faut faire l'un ou l'autre de ces mouvements. Une heure suffit à ces trois hommes pour
expédier 13 hectolitres de pommes de terre.

On donne les pommes de terre aux bêtes à cornes,
aux moutons, aux porcs et aux chevaux. Il en est de
cette nourriture comme de la plupart des autres aliments : seules, elles ne peuvent constituer une alimentation saine ; associées en certaine proportion

à d'autres substances, elles forment un régime qui réunit à la fois les conditions d'économie et d'hygiène.

On a assuré et prouvé par la voie de l'expérimentation que les pommes de terre cuites poussent à la graisse, et que les pommes de terre crues augmentent la quantité du lait.

M. de Dombasle a reconnu, après des essais multipliés, que 173 livres de pommes de terre cuites nourrissent autant que 187 liv. de pommes de terre crues.

Les pommes de terre ne causent pas, comme on les en avait accusées, l'avortement des vaches qui en consomment. Mais il est vrai que souvent, lorsqu'elles composent presque en totalité la ration qu'on administre aux animaux, ceux-ci sont sujets à la diarrhée. Il n'est pas rare même que ce régime occasionne des météorismes très graves : il est à remarquer que ces inconvénients sont inhérents à l'usage des pommes de terre cuites comme à celui des pommes de terre crues.

MM. Fabre d'Évires, qui ont fait de nombreuses expériences sur la pomme de terre comme alimentation, discutent une question physiologique très intéressante relativement à la convenance d'administrer les tubercules crus ou cuits. Ils distinguent dans toute substance alimentaire trois choses : le *lest*, qui n'a rien de nutritif, et ne paraît servir qu'à équilibrer les forces; la *propriété tonique*, qui augmente l'intensité de la vie propre des organes, et enfin la *qualité nutri-*

tive, qui agit au moyen de la digestion, comme acte préparatoire, et de l'assimilation, qui crée, répare et entretient.

« Ces propriétés, disent-ils, se trouvent dans les aliments en proportions différentes, en sorte que ceux-ci sont d'un emploi plus ou moins avantageux, selon les animaux et selon les cas. La pomme de terre crue leste peu, et manque de propriété tonique : sa qualité laxative la fait passer trop vite, et sans fournir autant à l'assimilation que le comporterait sa faculté nutritive. La pomme de terre cuite leste moins encore, et représente, par cette raison, moins de foin que les tubercules crus ; mais son eau de végétation (1) étant combinée avec les principes nutritifs, et devenant, dans cet état nouveau, nutritive elle-même, la pomme de terre cuite fournit plus à l'assimilation, soit par cette cause, soit parce que, étant plus tonique, elle passe moins vite. »

MM. Fabre tirent de ces observations la conséquence qu'on ne doit donner la pomme de terre cuite qu'aux animaux à l'engrais. « Il y a d'ailleurs une autre raison pour cela, c'est que cette nourriture, qui a déjà subi une demi-digestion par la coction, rend l'estomac paresseux ; en sorte que, si elle est longtemps conti-

(1) On appelle *eau de végétation*, celle que la plante pompe dans l'atmosphère ou dans la terre avec les sucs propres à sa nourriture, et qui sert à les charrier dans toutes ses parties par la force de la végétation.

nuée, les animaux dépérissent quand la saison ramène l'emploi des fourrages. »

MM. Fabre recommandent d'écraser les pommes de terre crues, et de les priver par la pression d'environ la moitié de leur eau de végétation, ce qui les rapproche le plus de l'état où elles réunissent les trois propriétés dans les proportions désirables.

Ils pensent que l'emploi le plus utile de la pomme de terre est de la donner crue aux vaches laitières, hachée ou pilée, comme provende verte destinée à augmenter le lait : on leur en distribue 17 à 19 livres par jour, en deux fois.

S'il s'agit de suppléer au foin, il faut ajouter à l'usage de la pomme de terre, et comme tonique, des glands ou des marrons d'Inde (une livre et demie ou deux livres) avec un peu de sel, pour 20 à 30 livres de pommes de terre. MM. Fabre conseillent, d'après leurs expériences, à défaut de marrons d'Inde et de glands, de saupoudrer les pommes de terre avec de la farine de féverolles ou de vesces, et avec un peu de sel, afin de revenir de temps en temps à donner pour chaque tête de gros bétail, et pendant trois ou quatre jours de suite, une poignée de poudre de gentiane ou de baies de genevièvre. Le tan d'écorce de chêne, donné avec précaution, a aussi un bon effet comme tonique.

« L'influence de la nourriture sur le tempérament et l'embonpoint, disent MM. Fabre, ne se reconnaît qu'à la longue ; mais, en moins de vingt-quatre heures, les aliments influent sur le lait. La quantité seule n'est pas ce qui importe ; il faut aussi apprécier le lait par ses parties butireuses et caséeuses. » Or, il résulterait des expériences opérées par ces messieurs sur une même vache, que, si les pommes de terre font augmenter la quantité du lait, elles en font diminuer, principalement les cuites, la qualité butireuse. Elles n'auraient guère en définitive, sous ce rapport, d'autre avantage sur le foin qu'une économie résultant de l'infériorité de leur prix.

On n'a pas fait sur l'alimentation des moutons avec les pommes de terre des expériences aussi concluantes que sur l'espèce bovine ; mais la pratique générale donne lieu de supposer qu'elle ne peut être qu'avantageuse : on les leur donne crues ou cuites. Elles conviennent spécialement aux mères portières un peu avant et après le part.

Elles sont employées aussi avec succès à la nourriture et à l'engraissement des porcs. On les leur administre crues d'abord ; ensuite on les fait cuire. Quand elles sont cuites et un peu fermentées, elles leur profitent bien mieux. On prétend que le porc qui ne mangerait que des pommes de terre crues maigrirait au lieu d'engraisser.

Depuis quelque temps, un grand nombre de propriétaires font entrer la pomme de terre dans l'alimentation de leurs chevaux, et s'en trouvent très bien.

Ces chevaux sont gras, luisants et n'ont pas de ventre. Sans doute, les pommes de terre ne donnent pas le nerf, le fond, que procure l'avoine, mais les chevaux qui en sont nourris sont très en état de supporter tous les travaux agricoles; ils sont aussi vigoureux, et ils soutiennent mieux le travail que ceux qui sont nourris de trèfle vert. Dans l'Alsace, beaucoup de cultivateurs, de voituriers et même de maitres de poste nourrissent leurs chevaux avec la pomme de terre; et de Sarrebruck à Mayence, il n'est, pour ainsi dire, pas un cheval de poste qui mange de l'avoine pendant l'hiver. Il y a bien quelques maitres de poste qui conservent à leurs chevaux le quart ou le tiers de la ration d'avoine, mais il y en a aussi qui ne leur donnent que des pommes de terre et du foin; et ces chevaux ne sont pas en moins bon état et ne font pas moins bien leur service. Mais les chevaux qui mangent de la pomme de terre, suent facilement; il faut des précautions pour éviter les refroidissements, comme il en faut aussi pour la transition de cette nourriture à une autre.

Un avantage que sauront apprécier les cultivateurs, c'est que les chevaux nourris de pommes de terre font plus de fumier que s'ils mangeaient de l'avoine, et que ce fumier est de meilleure qualité, en ce qu'il est moins sec et qu'il se rapproche de la nature de celui des bêtes à cornes.

On s'accorde généralement à reconnaitre qu'une

livre de foin est égale, pour les facultés nutitives, à deux livres de pommes de terre. Si l'on compare du foin de première qualité à des pommes de terre crues, le rapport est exact, car celles-ci contiennent une eau de végétation nuisible, elles sont moins nourrissantes, et, données en grande quantité, elles occasionnent des indigestions et des diarrhées. Il en est autrement si les pommes de terre sont cuites et bien cuites, et non à grande eau, mais à la vapeur. Une livre de pommes de terre ainsi préparées vaut certainement une livre de foin médiocre.

D'après cette base et en admettant qu'une livre de pommes de terre égale une livre de foin ou une demi-livre d'avoine, l'économie que présente l'emploi des pommes de terre est facile à calculer. Elle est ordinairement considérable, mais elle varie selon les prix relatifs de ces trois fourrages, et selon la position locale du cultivateur.

M. Gruet de Babancour, près de Ham (Somme), a le premier nourri ses chevaux avec la pomme de terre. Ses voisins, comme cela arrive ordinairement et surtout en France, plaisentent d'abord sur l'usage qu'il veut introduire. Ils pensent que ses chevaux, qui l'hiver sont employés à des travaux assez pénibles, et entre autres au transport des betteraves destinées à approvisionner la fabrique de sucre, ne pourront pas résister à la fatigue. A leur grand étonnement, ils voient qu'ils sont en meilleur état que les années précédentes. Alors plusieurs d'entre eux se décident à l'imiter. Cet exemple est bientôt suivi par les habitants des communes voisines; et, depuis que cet usage s'est introduit, toutes les personnes qui l'ont adopté n'ont eu qu'à s'en féliciter.

« Dans la conviction où je suis depuis longtemps, dit un agronome distingué, M. Bazin, qu'il peut être avantageux de donner des pommes de terre cuites aux chevaux, j'ai, à plusieurs époques, essayé d'adopter ce mode de nourriture : jamais il n'en est résulté d'inconvénients; je n'ai cessé qu'à cause des difficultés que j'éprouvais de la part des domestiques, et surtout parce qu'alors, ayant des chevaux d'une assez grande valeur, j'ai craint des maladies qu'on me faisait redouter. Ayant eu connaissance de ce qui se passait près de Ham, j'ai de nouveau donné des pommes de terre à mes chevaux, à l'exception de quatre qui sont ordinairement occupés à faire des charrois sur les routes, et pour la nourriture desquels on est obligé de se conformer à l'usage des pays où ils voyagent : tous les autres ont été mis à ce régime. J'ai commencé à donner à chaque cheval 20 livres de pommes de terre mêlées avec 4 livres de son; j'ai diminué au fur et à mesure la ration de son, que j'ai fini par supprimer entièrement. Ils ont maintenant 25 livres de pommes de terre et 8 ou 10 livres de luzerne : tous engraissent, au point que je suppose qu'on peut diminuer la ration de luzerne et la réduire à 6 livres. — Je ne chercherai pas à faire ressortir tous les avantages qui peuvent résulter de l'adoption du régime que je viens d'indiquer; je me contenterai seulement de faire observer que la nourriture du cheval avec la pomme de terre cuite, frais de main-d'œuvre et de combustible compris, ne coûtera pas moitié de ce qu'elle coûte suivant le régime ordinaire; et qu'un arpent de terre produira facilement la nourriture annuelle de trois chevaux, tandis qu'il faut souvent le produit de trois arpents d'avoine pour nourrir un cheval. »

Les petits cultivateurs qui n'ont qu'un ou deux chevaux et qui comptent pour rien le combustible, font cuire trois fois par jour des pommes de terre dans un pot de fer; quand elles sont cuites, ils les écrasent, en les mêlant, pour ménager le foin, à de la paille hachée ou à des balles (1) de grain. Ils les donnent alors chaudes, en y ajoutant de l'eau. Les chevaux nourris de cette manière, sont, ainsi que ceux auxquels on donne des résidus de distillerie, gras, mais mous; ils ont les dents d'un brun foncé. Il faut suivre un autre mode.

Lorsque les pommes de terre sont cuites, on les broie, on les étend sur le plancher, et on les donne froides aux chevaux. Si l'on y ajoute un peu de sel, elles n'en vaudront que mieux. Si l'on veut faire entrer du grain dans la ration, la meilleure manière est

(1) On appelle *balle* la partie de l'épi qui recouvre le grain.

de l'égruger et de le mêler aux pommes de terre. Il est bon de cuire les pommes de terre tous les jours; et, pendant les froids, il faut avoir soin qu'elles ne gèlent pas après la cuisson.

Communément, on donne pour trois chevaux 30 livres de foin et 100 livres de pommes de terre. Il est à remarquer que les tubercules conservent exactement, étant cuits à la vapeur, le même poids qu'ils avaient étant crus.

On a reconnu que les aliments fermentés sont plus nutritifs; il serait donc préférable de donner aux bestiaux les pommes de terre en cet état. Voici de quelle manière on doit les préparer à cet effet. On coupe les tubercules crus en tranches, et on en alterne des lits dans un cuvier avec des lits de son, ou bien on les écrase avec le son si elles sont cuites. On les laisse ensuite fermenter à une température de 10 degrés, jusqu'à ce que le mélange répande une odeur alcoolique.

FÉCULE.

La *fécule* (de *fecula*, diminutif de *fæx*, lie, dépôt) est un principe immédiat de certains végétaux. Elle est composée d'hydrogène, d'oxygène et de carbone (1). Cette substance, qui fait la base de beaucoup d'aliments végétaux, est très répandue dans la nature. On la rencontre dans un nombre considérable de plantes, dans les grains de toutes les céréales, dans les marrons, les pommes de terre et beaucoup d'autres racines. On lui donne différents noms, suivant les plantes qui l'ont fournie : *amidon* ou *fécule amylacée*, *tapioka*, *salep*, *sagou*, etc. L'*amidon* provient des céréales; le tapioka, de la racine de *manioc*; le salep, de l'*orchis morio*; le *sagou*, de la moelle de plusieurs espèces de palmiers, notamment du sagoutier. Mais l'on entend plus généralement par le mot *fécule*, celle qu'on extrait de la pomme de terre. Ces diverses fécules ont des caractères communs, et ne diffèrent que par leur teinte et leur légère saveur, qui dépendent d'autres principes immédiats. Ainsi, leur saveur particulière paraît être due à des huiles essentielles; c'est du moins ce qui semble démontré pour la fécule de pommes de terre, dont on élimine sans peine, dans la

(1) *Voyez* page 61, note 2.

rectification de l'eau-de-vie de cette fécule, une huile qui, étendue de beaucoup d'eau, rappelle le goût de pomme de terre.

La fécule est un assemblage de globules, qui consistent chacun en une enveloppe tégumentaire extérieure et en une substance mucilagineuse intérieure qu'on nomme *dextrine*. Ces globules varient de dimension, entre $1/300^e$ et $1/8^e$ de millimètre, suivant l'espèce de plante d'où ils ont été extraits. A l'état de pureté, la fécule présente l'aspect d'une poudre blanche, presque cristalline; elle craque sous les doigts; elle est sans saveur et sans odeur sensibles, froide au toucher, plus lourde que l'eau, et insoluble dans les véhicules aqueux et alcooliques sans le concours de la chaleur. Dissoute dans l'eau bouillante, elle acquiert la consistance d'une gelée transparente. On la reconnaît par la propriété qu'elle a de se colorer en bleu au contact de l'iode (1). Elle se dissout presque instantanément dans l'eau froide lorsqu'on la met en contact avec une infusion d'orge germée. Les acides, et en particulier l'acide sulfurique, lorsqu'ils sont étendus, et qu'on les fait bouillir avec la fécule, la convertissent en un sucre identique avec le sucre de raisin. Nous reviendrons avec détail sur ces propriétés dont

(1) L'*iode* est un corps simple, d'un gris bleuâtre, se présentant sous forme de paillettes d'un éclat métallique. On le retire des cendres des plantes marines.

on tire un si grand parti pour l'industrie. (*Voyez* SAC-
CHARIFICATION et FERMENTATION).

La pomme de terre est de toutes les plantes celle
qui est pourvue le plus abondamment de fécule, et
dont on l'extrait surtout avec plus de facilité et d'économie.

Les importantes et nombreuses applications de la
fécule dans l'économie domestique, dans l'industrie
et dans les arts, l'ont placée au premier rang parmi les
productions agricoles.

Nous allons d'abord décrire les procédés mis en
pratique pour son extraction, puis nous nous occuperons de ses transformations en d'autres produits.

Remarquons tout d'abord que l'on doit extraire
la fécule des pommes de terre avant que celles-ci commencent à germer, parce qu'alors elles donnent beaucoup moins.

EXTRACTION.

Dans le ménage.

L'extraction de la fécule, telle qu'on peut la faire
pour de très petites quantités, est fort simple et n'exige
aucun ustensile dispendieux. Voici comment on opère :

Après avoir lavé les pommes de terre (1), on les
réduit en pulpe, en les frottant contre les aspérités

(1) *Voyez* le procédé de lavage, page 159.

d'une lame de tôle ou de ferblanc percée de trous :
une râpe à sucre ou une forte râpe à chapeler le pain
sont très commodes pour cela. On délaie la pulpe (les
râpures) dans deux fois son volume d'eau; on verse
le tout sur un tamis placé au dessus d'une terrine; on
fait couler un filet d'eau sur ce mélange, en l'agitant
continuellement à la main, afin de laver toutes les
parties déchirées. Le liquide passe au travers du tamis entraînant une grande quantité de fécule et laissant
dessus les parties les plus grossières du tissu végétal
déchiré; on continue ces lavages, et la séparation précipitée, jusqu'à ce que l'eau s'écoule limpide, ce qui
annonce qu'elle n'entraîne plus de fécule. Tout le liquide passé au travers du tamis est agité, puis versé
dans un vase conique, où bientôt la fécule se dépose.
Lorsque l'eau surnageante n'est plus que légèrement
trouble, c'est à dire, au bout de 3 heures, on la décante.
Le dépôt blanc opaque de fécule qui se trouve au fond
du vase est délayé dans l'eau; puis on le laisse de nouveau se précipiter au fond du vase. On répète ce lavage
deux ou trois fois.

On remarque dans cette fécule une petite quantité
de tissu cellulaire échappé au tamisage et qui la sa-
lit encore; afin de l'en débarrasser, on la met de
nouveau en suspension dans l'eau, puis on passe le
tout dans un tamis très fin de soie ou de toile métallique. On voit encore se déposer sur la fécule une faible quantité de membranes légères, qu'on achève d'é-

liminer en râclant la superficie, ou bien en y versant de petites lotions d'eau; dans ce dernier cas, les eaux de lavage, qui entraînent une certaine quantité de fécule, sont réunies à une nouvelle quantité de fécule brute, ou passées sur un tamis fin, puis déposées et décantées de nouveau.

Les dépôts de fécule ainsi rassemblés peuvent être égouttés facilement en penchant lentement les vases qui les contiennent. On termine l'égouttage dans une toile, puis on étend la fécule sur des vases aplatis ou sur des tablettes, et on laisse la dessiccation s'opérer dans une chambre chauffée, dans une étuve, ou même à l'air lorsque le temps est sec, en ayant seulement le soin de garantir de la poussière cette substance pendant la dessiccation.

Dans une exploitation rurale.

Lavage des tubercules. Cette première opération consiste à verser dans un baquet un volume d'eau à peu près égal à celui des pommes de terre; puis, un homme armé d'un balai de bouleau au tiers usé, les agite vivement afin que le frottement soit assez rude pour détacher, dans le liquide, les parties terreuses adhérentes et même une partie du tissu superficiel grisâtre, plus ou moins altéré, en sorte que les tubercules, de gris qu'ils étaient, deviennent blanchâtres.

On jette les pommes de terre sur un clayonnage, afin quelles s'y égouttent, et, pour peu que l'eau coûte de main-d'œuvre à se procurer, on la recueille dans un grand baquet ou cuvier, d'où, après que les matières terreuses sont déposées, on peut reprendre le liquide clair pour d'autres lavages. Le résidu terreux est jeté sur les terres en culture; il peut être considéré comme un léger engrais.

Conversion en pulpe. Dans cette opération, on se propose de déchirer le plus grand nombre possible des cellules végétales qui renferment tous les grains de fécule; les meilleures râpes appliquées à cet usage sont celles qui donnent une pulpe très fine.

Parmi les ustensiles de ce genre, mus à bras d'homme, la *râpe de Burette*, perfectionnée et construite avec beaucoup de soins par MM. Rosé et Raffin, nous semble présenter toutes les conditions désirables. Construite sur le plus petit modèle, elle coûte 75 fr., et peut être mue par un seul homme. Il y en a de plus fortes dimensions.

Cette râpe se compose principalement d'un cylindre garni, sur toute sa circonférence, de lames de scie, au nombre de 128, dentées à la mécanique. Il est traversé par un axe dont les extrimités reposent sur les membrures d'un bâtis. L'une de ces extrémités est munie d'une petite roue dentée qui engrène avec une plus grande, qu'une manivelle met en mouvement et le cylindre avec elle. Une auge en bois ou un baquet est placé sous ce cylindre et reçoit la pulpe. Toutes les parties de cette machine, qui est placée sur un bâtis, sont recouvertes d'une cage faite avec des planches qui forment un encaissement dans lequel on charge les tubercules destinés à la râpe. Une personne, c'est ordinairement une femme ou un enfant, pousse ces tubercules un à un dans une ouverture d'où ils tombent sur le cylindre, qui les réduit successivement en pulpe.

Une râpe de cette espèce, de grande dimension, mue par deux hommes relayés par un troisième, peut réduire en pulpe 2,500 à 3,000 kilog. de pommes de terre en 12 heures.

Il faut bien veiller à ce qu'aucune pierre ne puisse s'introduire avec les tubercules dans la trémie lors du râpage, parce qu'elle endommagerait les lames du cylindre.

Tamisage de la pulpe. Afin d'extraire la fécule mise en liberté par le déchirement du tissu cellulaire, on porte la pulpe, à mesure qu'elle est fournie par la râpe, sur des tamis en crin ou en toile de cuivre, qui sont disposés sur des traverses au dessus des baquets; chaque charge occupe à peu près la motié de la hauteur du tamis. Un ouvrier malaxe vivement la pulpe, soit entre ses mains, soit à l'aide d'une râclette en bois, afin de renouveler sans cesse les surfaces exposées à un courant d'eau, qu'entretient un filet continu. L'eau passe au travers du tamis, entraînant la fécule avec elle, et forme une sorte d'émulsion. Lorsque le liquide s'écoule limpide au travers du tamis, on est assuré que toute la fécule mise en liberté est extraite de la pulpe; celle-ci, ainsi épuisée, est mise de côté pour des usages que nous ferons connaitre plus loin.

On verse sur le tamis une nouvelle charge de pulpe, on laisse couler le filet d'eau, et on continue; puis on termine toutes les opérations, qui se succèdent ainsi que nous venons de l'indiquer.

Si on veut économiser l'eau, il faut tenir le tamis plongé dans le baquet rempli aux trois quarts d'eau, agiter la pulpe avec les mains comme nous l'avons dit; la fécule, pour la plus grande partie, est entrainée dans le liquide, et il suffit de faire ensuite couler le filet d'eau, pendant quelques instants, sur le tamis tiré au dessus du niveau du liquide, pour achever l'épuisement de la pulpe.

On réunit dans un tonneau de bout et défoncé par le haut, les liquides produits par deux ou plusieurs tamisages; puis on met toute la masse en mouvement et on laisse déposer, en sorte que la fécule se rassemble tout entière au fond du vase. On décante alors l'eau surnageante, à l'aide de robinets ou de chevilles placées à plusieurs hauteurs. On ajoute de l'eau claire sur le dépôt, environ une fois son volume, puis on le met en suspension; alors on passe dans un tamis très fin tout le liquide, dont on entretient l'agitation.

Les débris du tissu cellulaire restent en grande partie sur ces tamis; mais il passe encore des parcelles des mêmes débris, qui la salissent. Comme ils sont plus longtemps en suspension que la fécule, ils se déposent à sa superficie, et on peut les enlever à l'aide d'une râcloire en ferblanc.

On peut opérer un troisième lavage, en délayant la fécule dans de l'eau claire, si l'on veut obtenir un produit d'une grande blancheur; on laisse déposer comme la première fois, puis on décante toute l'eau surnageante, et l'on fait égoutter le dépôt de fécule.

Au lieu d'un simple tamis, comme nous venons de dire, il est préférable de se servir d'un blutoir en toile métallique de forme conique. Cette toile (N° 40) est appliquée sur un châssis conique, et celui-ci est en spirale, afin que les pulpes n'aillent pas trop rapidement de l'entrée du cône à sa sortie. Ce blutoir, dans lequel on verse la pulpe, tourne dans un cuvier rempli d'eau, ou bien on y lance un jet d'eau vive continu. Il laisse échapper par l'ouverture le parenchyme séparé de la fécule, tandis que celle-ci, passant à travers les mailles, se dépose au fond du vase. On lave ce dépôt à plusieurs reprises comme nous l'avons dit plus haut.

Egouttage. La fécule étant déposée en masse assez dure, il est facile de l'enlever par morceaux ; on la porte dans des sacs en toile qui garnissent l'intérieur de paniers légèrement coniques, c'est à dire, dont l'ouverture est plus grande que le fond ; on la tasse par quelques secousses, puis on la laisse en repos : là elle perd l'excès d'eau qui pouvait la rendre pâteuse. On ôte les pains de fécule en retournant les paniers ; on les vide sur des tablettes en bois blanc, dans un grenier, puis on enlève les toiles ; les pains qui en sortent se sèchent peu à peu et se brisent alors spontanément. On ensache la fécule pour l'expédier.

Obtenue de cette manière, la fécule contient encore beaucoup d'eau : elle occasionnerait des frais de transport trop considérables pour être envoyée au loin ; il faut donc la consommer sur lieu. Quand on doit la traiter très près de la féculerie, on évite même quelquefois tous les frais de dessiccation, et on la livre en sacs, sous le nom de *fécule verte*, au sortir des paniers d'égouttage, après l'avoir exposée seulement deux jours à l'air.

Dessiccation. Si la fécule doit être conservée ou expédiée au loin, il faut qu'elle soit privée, à quelques centièmes près, de l'eau qu'elle a retenue après l'égouttage et le séchage à l'air ; pour y parvenir, on la porte dans une étuve à courant d'air.

On se contente généralement, dans les petites exploitations, d'une chambre entourée de tablettes en sapin posées à 1 pied du sol ; au dessus, on dispose, sur un bâtis en bois, des châssis tendus de toile forte, placés à 8 ou 10 pouces les uns des autres. On étend la fécule, brisée en petits morceaux, sur ces tablettes et châssis ; on l'y retourne une fois par jour, et, lorsqu'elle est sèche, on écrase au rouleau ses parties agglomérées en petites mottes ; on la tamise, puis on la met en sacs ou en tonneaux pour l'expédier ou la conserver. La température est ordinairement élevée, dans cette chambre, à l'aide d'un poêle placé au milieu ; et un renouvellement d'air est irrégulièrement ménagé par le tirage du poêle et quelques ouvertures à la partie inférieure et près du plafond.

Pommes de terre gelées. On obtient autant de fécule des pommes de terre gelées que des autres. Quand on ne peut pas les soumettre à la râpe d'après les procédés que nous avons indiqués, il faut employer le suivant :

On fait macérer les pommes de terre dans l'eau; on les écrase sous un pilon ou d'une autre manière, puis on les abandonne à la putréfaction spontanée; lorsqu'elles ont été suffisamment amollies de cette façon, on les triture de nouveau, et l'on forme, avec la pâte ainsi préparée, des pains aplatis, que l'on expose au soleil : leur température s'y élève de 30 à 36 degrés, et la fécule se détache sous forme de grains brillants et comme nacrés. Ainsi obtenue, elle est d'une blancheur remarquable.

Tubercules altérés par la maladie spéciale. Il n'est pas également facile d'extraire une fécule marchande des tubercules pris à différentes périodes de la maladie. Tant qu'ils ont conservé leur dureté, le râpage est praticable, et la séparation de la pulpe et de la fécule a lieu très aisément. Il n'en est plus de même lorsqu'on vient à traiter les tubercules dont le parenchyme est tout à fait ramolli ou réduit en bouillie; dans ce cas, pulpe et fécule tout passe au travers du tamis. Dans cette dernière circonstance, le seul moyen d'isoler la fécule, c'est de triturer les tubercules sous le pilon ou sous la meule, de délayer la bouillie dans beaucoup d'eau, et d'opérer comme pour l'extraction de l'amidon des céréales.

Voici quel est ce procédé. Quand les pommes de terre altérées sont triturées et mises dans un cuvier avec de l'eau, on y ajoute de la levure ou un ferment quelconque, afin d'y déterminer promptement la fermentation et la pourriture du parenchyme. Bientôt la fermentation commence, et elle se développe d'autant plus rapidement que la température de l'atmosphère est plus élevée. Peu à peu la fécule se dégage des cellules qui la renferment, et, quand on juge que le parenchyme est entièrement décomposé, on jette l'eau, on lave le dépôt à plusieurs reprises, puis on passe le tout sur un tamis. On suit, pour le reste de l'opération, ce que nous avons dit plus haut pour l'extraction de la fécule des tubercules sains.

Les tubercules altérés ont donné dans les fabriques moins de fécule blanche, plus de fécule ayant une teinte fauve, et moins en somme de produit total que les pommes de terre à l'état normal.

PRODUITS.

Les produits que l'on obtient en fécule varient suivant les saisons, les terreins dans lesquels on a cultivé les pommes de terre, les variétés de ces tubercules, etc. En opérant bien, le produit s'élève, année commune, de 23 à 25 kilog. de fécule humide, ou de 16 à 17 kilog. de fécule sèche, pour 100 kilog. de pommes de terre employées.

CONSERVATION.

Le peu d'altérabilité de la fécule permet de la conserver à tous les étages d'une maison. Toutefois il importe qu'elle ne soit pas accessible à la poussière, qui la salirait et pourrait la déprécier. D'une autre part, on tient à ce qu'elle ne perde ni ne gagne de l'eau, puisqu'on l'a amenée au point de siccité commercial. Il convient donc de la tenir dans un magasin situé au rez-de-chaussée ou même à quelques pieds au dessous du sol extérieur. Le carrelage de ce magasin et toutes les parois latérales sont d'ailleurs planchéiés en sapin uni, et des courants d'air ménagés entre les lambourdes, préservent le bois du contact de la maçonnerie, qui pourrait le faire pourrir.

La fécule se vend sous les dénominations de *fécule sèche* et de *fécule verte*. Cette dernière qui, simplement égouttée, ne représente, terme moyen, que les deux tiers du poids de la première, se vend un prix moins élevé encore que dans cette proportion, puisqu'elle coûte moins de main-d'œuvre et n'exige pas de combustible pour le séchage; mais l'élévation des frais de transport ne permettrait pas de la consommer avantageusement loin des lieux de sa production.

On distingue quelquefois encore dans le commerce la fécule bien *lavée* et *épurée*, de la *fécule brute* ou *non lavée*. Celle-ci recueillie sans autre lavage après le premier dépôt, se vend moins cher, et sous ce rapport est quelquefois préférée par les grands consommateurs, tels que les fabricants de sirops communs, les brasseurs, distillateurs, etc.

En quelque état que la fécule se vende, les transactions devraient toujours être basées sur la proportion de substance sèche et pure y continue ; on éviterait ainsi des mécomptes. Par exemple, la fécule dite *sèche* contient une proportion d'eau variable entre 8 et 15 centièmes, sans que son prix change ; la fécule vendue comme *verte* contient de 33 à 40 pour 100 d'eau, et son cours ne change pas non plus. Cependant les quantités de sirop ou d'alcool obtenues varient dans les mêmes rapports, et les calculs de rendement deviennent illusoires pour les fabricants qui emploient cette matière première.

Il arrive que des marchands, non satisfaits d'un lucre honnête, mêlent à la fécule qu'ils vendent, des substances minérales, telles que la craie, l'argile blanche, l'albâtre gypseux, etc. On a trouvé des moyens simples de constater ces falsifications qui causent un énorme dommage aux fabricants de sirops, et aux distillateurs. Mais les indications de ces analyses étant hors de notre sujet, nous nous contentons seulement de signaler la fraude.

EMPLOI DES RÉSIDUS.

Pulpe. La pulpe épuisée après les lavages, pèse,

égouttée, environ 15 pour 100 des tubercules; elle contient à peu près 5 de matière sèche, dont 3 de fécule. Ce marc est vendu aux nourrisseurs pour être mélangé aux aliments moins aqueux des vaches et des cochons. On parviendrait à le conserver et à l'améliorer beaucoup en en exprimant l'eau et en le faisant sécher sur une tourraille. On le rend plus nutritif en le soumettant à la coction dans l'eau avant de le donner aux bestiaux.

La pulpe fraîche mêlée à un peu de levain de seigle, de froment ou de bière, et aigrie sous l'influence d'une température un peu élevée, devient aussi, dans cet état, un excellent aliment pour les bêtes à cornes et les porcs.

Eaux. Les eaux de lavage de la pulpe tenant en solution le suc des pommes de terre, ont souvent causé de l'embarras aux fabricants de fécule : en effet, elles contiennent une proportion de matière azotée, notamment d'albumine végétale, suffisante, quoique minime, pour être sujette à la putréfaction; en sorte que, si l'on n'a pas le moyen de les faire écouler dans des eaux courantes, les mares qu'elles peuvent former, répandent des émanations incommodes, et d'autant plus désagréables que les terres dans lesquelles elles s'infiltrent, peuvent contenir du sulfate de chaux, dont la décomposition, sous l'influence des matières organiques, donnent lieu à un dégagement d'hydrogène sulfuré. Ces eaux recèlent d'ailleurs des traces de soufre.

Lorsqu'on n'a pas à sa disposition des moyens faciles d'écoulement pour ces eaux, on peut s'en débarrasser et quelquefois fort utilement en les appliquant à l'irrigation des terres en culture assez en pente. L'humidité qu'elles ajoutent aux sols légers ou sujets à la sécheresse, et les matières organiques qu'elles y déposent, sont, en certaines localités, très favorables à la végétation, et cette pratique est surtout facile relativement aux terres que l'on ne doit labourer et ensemencer qu'au printemps.

BÉNÉFICES.

On a calculé que l'extraction de la fécule de 95 hectolitres de pommes de terre donnait, terme moyen, un bénéfice net de 136 fr. 50 c., toutes dépenses déduites.

95 hect., pesant environ 18,000 kilog., à 3 fr. 40 c. l'hect., ci. 323

Frais d'extraction et autres, ci. . . .   178

Dépenses. . . .   501

Fécule sèche, 3,060 kilog.,
à 20 fr. les 100 kilog., ci. . . .   612
Marcs humides, 2,550 kilog.,   } 637,50
à 1 fr. les 100 kilog., ci.   25,50

Bénéfices nets, 136 fr. 50 c.

On comprend que les bénéfices doivent varier suivant les prix d'achat des pommes de terre et les prix de vente de la fécule.

ESSAI DES TUBERCULES.

La qualité des tubercules et leur valeur marchande étant en raison de la quantité de fécule qu'ils recèlent, il est souvent nécessaire de chercher à déterminer cette quantité dans chacune des espèces qu'on a récoltées ou que l'on veut acheter. On peut y arriver en opérant l'extraction de la fécule de quelques tubercules par les moyens que nous avons indiqués; mais il est un autre mode d'essai beaucoup plus simple et plus commode, qui est recommandé par M. Payen.

On place sur l'un des plateaux d'une balance, aussi sensible que l'on peut se la procurer, une lame de verre à vitre mince et fortement essuyée, ou, à défaut, sur un carré de papier à écrire, bien sec; sur la lame ou sur la feuille de papier, qui peuvent avoir la surface d'un carré de deux pouces et demi de côté, on met un poids de 5 grammes, et on tare très exactement; on ôte alors le poids et l'on pose à sa place une ou deux tranches excessivement minces de chacun des tubercules de différentes grosseurs pris comme échantillon dans les tas ou les espèces qu'on veut essayer. Lorsque l'équilibre est rétabli entre les deux plateaux, on est assuré d'avoir un poids exact de 5 grammes des tubercules ainsi divisés. On pose la lame de verre sur un poêle chauffé de 60 à 90 degrés, et, au bout de deux ou trois heures, la dessiccation doit être terminée. On replace la lame de verre ou le papier chargé des tranches sèches, sur le plateau de la balance, et la quantité de poids que l'on doit ajouter pour ramener encore l'équilibre, indique la perte en eau pour les 5 grammes essayés : en la multipliant par 20, on a celle qui serait faite par une quantité de 100 grammes, du même échantillon. — Si l'on n'était pas bien assuré que la dessiccation ait été conduite à son terme, on la continuerait de nouveau pendant une demi-heure, et on vérifierait si la perte est augmentée.

Cette épreuve est fondée sur ce que plus le tubercule conserve de poids après la dessiccation, plus il contient de fécule. Ainsi de deux échantillons pesant, humides, chacun 5 grammes, celui qui en pèserait 3 serait plus féculent que celui qui n'en pèserait que 2 après leur dessiccation. Suivant la variété cultivée, le sol et les saisons, la proportion de la substance sèche varie entre des limites très étendues, de 14 à 27 pour 100, par exemple; et le rendement en fécule diffère plus encore, souvent sans que rien dans les caractères extérieurs des pommes de terre, fasse prévoir ces énormes variations dans les produits.

Une précaution indispensable, dans l'essai dont nous venons de parler, c'est de prendre, dans les tubercules, de la partie centrale et de la partie corticale, dans les proportions où elles s'y trouvent (nous avons dit que la partie corticale renferme plus de fécule que l'autre, souvent dans la proportion de 3 à 6 centièmes). Le mieux, pour y parvenir, serait de couper chaque tubercule en deux, puis chaque moitié en quatre parties égales, par des sections à angle droit passant par le centre. Un de ces derniers morceaux contiendrait assez exactement des proportions centrales et corticales dans le même rapport que dans le tubercule entier; il suffirait donc de diviser en tranches minces un de ces morceaux pour chacun des tubercules à essayer.

CONSIDÉRATIONS GÉNÉRALES.

La pomme de terre, cette culture si riche, a l'inconvénient de donner un produit peu égal.

Si, au moment de la floraison, des pluies abondantes favorisent le développement du tubercule, on peut compter sur un produit double de ce qu'il serait dans le cas contraire.

D'un autre côté, il arrive souvent que, quelque précautions qu'on prenne, une certaine quantité de pommes de terre sont surprises par la gelée.

Pour parer à cette incertitude sur le produit, beaucoup de propriétaires plantent une quantité double de ce dont ils auraient besoin avec un produit plus régulier; de là surabondance dans certaines années.

Pour utiliser l'excédant de la récolte ou les tubercules avariés, il serait prudent, dans toute grande
culture, d'établir un atelier pour extraire la fécule. Cet
établissement coûterait à peine 300 fr.

DEXTRINE.

En parlant de la fécule, nous avons dit que c'était un assemblage de petits globules ou grains, que chacun de ces globules était composé d'un tégument extérieur et d'une substance intérieure nommée *dextrine*.

On peut conclure des recherches qui ont été faites :

1° Que la dextrine elle-même est composée de trois substances : l'une insoluble à froid, soluble à chaud, et colorable par l'iode ; la deuxième, soluble à froid et à chaud dans l'eau et l'alcool (1) faible, non colorable par l'iode, analogue à la gomme ; la troisième est un sucre soluble dans l'eau, dans l'alcool à 30 degrés, non colorable par l'iode, et fermentescible ;

2° Que l'action prolongée de la diastase (2) réduit

(1) L'*alcool* ou *esprit de vin* est un liquide qu'on obtient par la distillation de certaines substances fermentées. Parfaitement pur, il est incolore, très fluide, volatile, d'une odeur agréable et enivrante, d'une saveur âcre et chaude, très inflammable, très avide d'eau, et n'ayant jamais pu être solidifié par le froid. Les eaux-de-vie sont composées d'alcool et d'eau, dans le rapport d'environ 50 à 100. L'alcool est formé des mêmes corps que le sucre, de carbone, d'hydrogène et d'oxygène, mais dans des proportions différentes.

(2) On nomme *diastase* une matière azotée qui existe dans les semences d'orge, d'avoine et de blé germées, près des germes dans les tubercules de la pomme de terre germée, et

évidemment ces trois substances aux deux dernières,

dans les bourgeons d'une plante appelée *alyanthe glandu-leuse*. Cette matière, que M. Payen a découverte et est parvenu à isoler, est solide, blanche, amorphe, insoluble dans l'alcool concentré, soluble dans l'eau et l'alcool faible. Chauffée à la température de 65 à 75° avec la fécule, elle a le pouvoir remarquable de détacher promptement les enveloppes de la substance intérieure (la *dextrine*), qui, à cette température, se dissout facilement dans l'eau, tandis que les téguments, insolubles dans ce liquide, surnagent ou se précipitent suivant les mouvements du liquide. En même temps, la *diastase* se trouvant en contact avec la dextrine, la convertit graduellement en sucre; mais, pour que cet effet se produise, il faut que la température soit maintenue entre 70 et 75°, car si l'on chauffait jusqu'à l'ebullition, la *diastase* perdrait la faculté d'agir sur la fécule et sur la dextrine. Il faut remarquer aussi que la solution s'altère rapidement, et devient acide, et qu'on doit s'en servir de suite pour qu'elle ait tout son effet.

D'après ce qui précède, on comprend pourquoi l'orge germée, qui contient la diastase, est employée au lieu de celle-ci pour convertir la fécule en sucre. (*Voyez* SACCHARIFICATION.)

Pour obtenir la diastase, on écrase dans un mortier l'orge fraîchement germée; on l'humecte avec environ moitié de son poids d'eau; on soumet ce mélange à une forte pression; le liquide qui en découle est mêlé avec assez d'alcool pour détruire sa viscosité et précipiter la plus grande partie de la matière azotée, que l'on sépare à l'aide d'une filtration. La solution filtrée et complètement précipitée par l'alcool donne la diastase impure; on la purifie par trois solutions dans l'eau et précipitations par l'alcool, alternativement; recueillie sur un filtre, elle en est enlevée humide, pour être étendue sur une lame de verre et desséchée par un courant d'air chauffé de 45 à 50°;

en achevant la transformation de la première; d'où vient que la dextrine n'est pas colorable par l'iode;

3° Que les téguments des globules complètement privés de la substance qu'ils enveloppent et retiennent fortement, ne sont plus colorés par l'iode en bleu ou en violet; qu'ainsi, dans la fécule entière colorée par l'iode, cet agent porte son influence au travers du tégument.

La dextrine, parfaitement desséchée, ressemble à de la gomme arabique; mais elle s'en distingue par la facilité avec laquelle elle se change en sucre de fécule, par l'action de l'acide sulfurique, ou de la diastase ou orge germée. Elle se dissout très bien dans l'alcool

enfin on la broie en poudre impalpable et on la conserve en flacons bien bouchés. Elle se conserve d'ailleurs fort longtemps à l'air, ou même en solution dans l'alcool à 16 ou 20°.

La solution de diastase, soit pure, soit contenant du sucre, sépare de même la dextrine de toutes les fécules et matières amilacées; elle permet aussi de faire directement l'analyse des farines, du riz, du pain, etc. Lorsque l'extraction de ce principe immédiat a été faite avec soin, son énergie est telle, que 1 partie en poids suffit pour rendre soluble dans l'eau chaude la substance intérieure (dextrine) de 2,000 parties de fécule sèche, et pour compléter la conversion de cette dextrine en sucre ou en substance gommeuse. Ces réactions sont d'autant plus faciles, et la première est d'autant plus prompte, que l'on emploie un plus grand excès de diastase : ainsi, en doublant la dose et la portant à 1 millième, la dissolution de la fécule peut être opérée en dix minutes.

aqueux. Sa solution possède la propriété de dévier à droite le rayon de lumière polarisé : de là son nom de *dextrine* (du latin *dexter, dextra,* qui est à droite).

EXTRACTION.

Pour préparer en grand la dextrine, on fait usage d'orge germée en poudre, dans la proportion de 5 à 10 pour 100 de la fécule.

Quand il s'agit d'obtenir du sirop, on maintient, pendant quatre à six heures, la température (1) entre 65 à 75 degrés, tandis que, pour obtenir la dextrine le moins sucrée possible, dès que la fécule est dissoute, on pousse au terme de l'ébullition, qui fait cesser l'action de la diastase. Voici d'ailleurs tous les détails de l'opération.

On verse dans une chaudière chauffant au bain-marie (2) 2,000 kil. d'eau. Dès que la température est portée de 25 à 30 degrés centigrades, on y délaie du malt (orge germée) (3), dans la proportion de 5 pour 100 de la fécule, et l'on continue de chauffer jusqu'à

(1) On sait que la température s'évalue au moyen d'un thermomètre.

(2) Vase plein d'eau chaude qui est sur le feu, et dans lequel on met un autre vase contenant la matière sur laquelle on veut opérer.

(3) Après avoir fait germer l'orge, qui prend alors le nom de *malt*, on la fait dessécher et on la réduit en poudre fine. Pour employer cette poudre, on la fait préalablement infuser.

la température de 60 degrés. On ajonte 500 kilog. de fécule, que l'on délaie bien en agitant avec un rable de bois. De légères secousses imprimées de temps à autre suffiront pour tenir en suspension 500 à 750 kilog. de fécule, dans une masse de 2,000 à 3,000 kilog. d'eau.

Lorsque la température du mélange approche de 70 degrés, on tâche de la maintenir à peu près constante, et de façon du moins à ne pas la laisser s'abaisser au dessous de 65 degrés, et à ne pas dépasser 75.

Au bout de 20 à 35 minutes, le liquide, d'abord laiteux, puis un peu plus épais, s'est de plus en plus éclairci; de visqueux et filant qu'il semblait, en l'examinant s'écouler de l'agitateur élevé au dessus de la superficie, il paraît fluide presque comme de l'eau; on porte alors vivement la température de 95 à 100 degrés.

On laisse en repos, on soutire à clair, on filtre, puis on fait évaporer très rapidement, soit à feu nu, soit, et mieux encore, à la vapeur, ou dans un bain-marie chauffant jusqu'à 110 degrés environ, sous la pression y relative.

Pendant l'évaporation, on enlève les écumes qui rassemblent la plupart des téguments échappés à la première défécation.

Lorsque le rapprochement en est au point où le liquide sirupeux forme en tombant de l'écumoire une large nappe, on peut le verser dans un récipient en cuivre, ferblanc ou bois. Il se prend en masse par le refroidissement, et forme une gelée opaque.

Entretenu tiède, mêlé à la levure, puis à de la pâte ordinaire et bien pétrie, il sert immédiatement à la préparation du pain.

Si on l'étend en couches minces à l'air, dans un séchoir ou une étuve à courant d'air, on obtient la dextrine sèche, facile à conserver en cet état ou à réduire en farine. On l'emploie ainsi dans diverses préparations alimentaires ou thérapeutiques.

Un des résultats les plus remarquables de la séparation de la substance intérieure et des téguments de la fécule, c'est que ceux-ci entraînent dans leur précipitation l'huile essentielle vireuse, principe du mauvais goût de certaines fécules.

Cette heureuse circonstance est surtout importante dans les applications de la fécule aux préparations alimentaires, à la fabrication de la bière et de diverses liqueurs alcooliques.

Les faits suivants démontrent que l'huile essentielle vireuse préexiste toute formée dans la fécule des pommes de terre, qu'elle réside dans les téguments, et s'élimine avec eux.

On la retrouve : 1° dans les produits de la distillation; 2° dans l'empois; 3° dans le pain de fécule, tandis que son goût n'est plus sensible dans le pain de dextrine. Elle se retrouve encore dans les téguments éliminés par la diastase, et dans l'alcool avec lequel on a lavé la fécule à froid. Enfin, à l'aide d'un lavage avec l'alcool et l'eau successivement, on peut facilement enlever l'huile essentielle assez complètement à la fécule pour faire disparaître son goût spécial. Dans cet état, elle remplacerait économiquement les fécules exotiques dites *arrow-root*, *tapioka*, *etc.*

SACCHARIFICATION (1).

La conversion de la fécule en sucre a lieu, comme
l'extraction de la dextrine, sous l'influence de la dia-

(1) La *saccharification* (du latin *saccharum*, sucre, *facere*,
faire) est une opération par laquelle on convertit une substance en sucre. — Le sucre est un produit des végétaux. Il
est, comme l'alcool, composé de carbone, d'hydrogène et d'o-
xygène, mais combinés dans des proportions différentes. — La
propriété caractéristique des sucres est de fermenter, c'est
à dire, de se convertir en acide carbonique et en alcool sous
l'influence des ferments. Cette transformation provient de ce
que les atômes des trois éléments constitutifs, le carbone, l'hydrogène et l'oxygène, s'arrangent différemment entre eux. Il y
a plusieurs espèces de sucres, dont deux principales : la première, connue sous le nom de *sucre de canne*, se trouve dans
la canne à sucre, dans l'érable, la betterave, la châtaigne, le
navet, l'ognon, etc. Elle cristallise. La deuxième, connue sous
le nom de *sucre de raisin* ou *de fruits*, comprend le sucre
de raisin, de miel, de fécule, et d'une multitude de fruits.
Elle ne cristallise pas, ou très difficilement. Elle se présente
sous forme de petits grains réunis en mamelons ou en petites
aiguilles. Sa saveur, fraîche d'abord, finit par devenir sucrée;
elle est moins soluble dans l'eau que l'espèce précédente. On
l'emploie avec succès à la préparation des compotes, des fruits
à l'eau-de-vie, etc.; mais son goût n'est pas assez agréable
pour qu'elle puisse remplacer le sucre de canne dans un grand
nombre de cas. — Le sucre de canne était connu des anciens,
mais il n'était employé qu'en médecine. Au moyen-âge, son
usage paraît avoir été plus répandu, car on connaissait déjà le
moyen de le raffiner.

stase ou de l'orge germée ou de l'acide sulfurique, et de la chaleur, mais avec cette différence que la cuite se conduit d'une autre manière, ainsi que nous l'avons déjà dit. Après avoir enseigné comment on pratique la première partie de l'opération avec l'orge germée ou la diastase (ce qui revient au même) pour avoir la dextrine, nous allons décrire sommairement la manière de procéder avec l'acide sulfurique pour obtenir du sucre.

Pour 25 kilog. de fécule sèche, il faut 100 kilog. d'eau et 750 grammes d'acide sulfurique.

On verse l'eau dans une chaudière, puis l'acide, qu'on a soin de bien mêler avec l'eau. On chauffe cette liqueur, et, lorsqu'elle est en pleine ébullition, on y fait tomber uniformément la fécule, au moyen d'une trémie ou de toute autre manière, et on la délaie en agitant fortement avec un bâton plat et large par un bout. A mesure que la fécule se délaie, elle se dissout immédiatement, sans que la liqueur prenne de consistance. On continue à soutenir l'ébullition, et, lorsque la transformation de la fécule en sucre est aussi complète que possible, ce qui arrive ordinairement au bout de 8 à 10 heures, on mêle de la craie dans la liqueur; on en ajoute tant qu'il se produit de l'effervescence. Cette craie s'unit à l'acide sulfurique et forme avec lui un nouveau corps, appelé sulfate de chaux. On laisse déposer ce sulfate, puis on décante. Le dépôt est placé sur une chausse ou un drap, et on y jette une petite quantité d'eau froide pour en extraire le sirop qu'il retient. Toutes les liqueurs claires sont réunies dans une chaudière et soumises à l'évaporation jusqu'au degré qu'on désire obtenir. Lorsqu'on est à 30 degrés de l'aréomètre (1), on retire

(1) L'*aréomètre* (du grec *araios*, léger, *metron*, mesure) est un instrument qui sert à mesurer la densité (*) relative des liquides dans lesquels il est plongé. Il a été ainsi nommé parce qu'il a été employé d'abord à mesurer les poids de certains liquides plus légers que l'eau. On lui donne aussi le nom de *pèse-liqueur, pèse-sirop, pèse-acide, pèse-sel , etc.,* selon ses différents usages. — La construction des aréomètres est basée sur les principes d'hydrostatique (**) suivants : « Tout corps plongé dans un liquide déplace un poids de ce liquide

(*) On donne le nom de *densité* à la quantité de matière que contient un corps sous un volume donné. La *densité spécifique* d'un corps est le rapport de sa masse à son volume. Deux corps d'un égal volume contiennent une quantité de parties matérielles différentes ; celui qui est plus poreux en contient moins. Un corps a d'autant plus de densité que son poids est plus considérable et son volume plus petit , ou, ce qui revient au même, la densité est en raison directe de la masse (quantité des parties matérielles) et en raison inverse du volume. D'où il résulte que, dans un corps homogène, dont toutes les parties sont semblables, de même nature, la masse est proportionnelle au volume ; que, à volume égal, les densités de deux corps sont proportionnelles à leurs poids, et que, à poids égal, les densités de deux corps sont en raison inverse des volumes de ces corps. On rapporte généralement toutes les densités à celle de l'eau, prise pour unité à son maximum de condensation. Ainsi, quand on dit que la densité d'un corps est 2, 3, 4, etc., cela signifie qu'à volume égal, il pèse 2 fois, 3 fois, 4 fois, etc., autant que l'eau, ou qu'à poids égal, il a un volume qui est 1/2, 1/3, 1/4, etc., du volume de l'eau. Par exemple, la densité du mercure est 13.598, c'est à dire qu'il pèse 13 fois 598 millièmes de fois plus que l'eau. Un centimètre cube d'eau distillée, à son maximum de condensation, est l'unité à laquelle on rapporte tous les poids des corps. C'est sur cette unité (un gramme) qu'est fondé le nouveau système des poids employés dans le commerce. L'eau présente son maximum de condensation à la température de 4 degrés 1 dixième ; à partir de ce point, elle se dilate à mesure que sa température descend à 0 degré. C'est une singulière exception à la loi d'après laquelle tous les liquides augmentent de densité à mesure qu'ils se rapprochent de leur point de congélation.

(**) L'*hydrostatique* est une science qui a pour objet la pesanteur et l'équilibre des liquides.

57 kil. de sirop pour 25 kil. de fécule ; si l'on pousse

égal au sien propre ; de plus, le volume de liquide déplacé est
en raison de sa densité. Plus le liquide est dense, moins le
corps en déplace, ou moins il s'y enfonce. » Ainsi, si le corps
pèse une once, il déplacera une once de liquide, c'est à dire,
un certain volume de liquide pesant une once, ou, ce qui revient au même, il s'enfoncera dans le liquide jusqu'à un certain point. Si l'on augmente la densité du liquide, par exemple,
du double, le même corps déplacera toujours une once de
liquide, mais un volume moindre de moitié, ou, ce qui revient
au même, il s'enfoncera moitié moins dans le liquide. — Les
aréomètres le plus en usage sont celui de Beaumé pour les
solutions salines et les solutions de sucre ou les sirops, et celui
de Gay-Lussac pour les esprits. — Celui de Beaumé est composé d'une boule de verre soufflée d'un pouce ou environ de
diamètre. La partie inférieure de cette boule se prolonge en
un col étroit qui bientôt se renfle en forme de vase conique.
De la partie supérieure de la boule s'élève un tube d'une ou
deux lignes de diamètre et de cinq à six pouces de longueur.
Le petit vase conique contient une certaine quantité de mercure, qui sert de lest (*) à l'instrument, afin que, plongé dans
le liquide, il se puisse tenir dans une position exactement ver-
ticale. Le tube est garni intérieurement d'une bande de papier
sur laquelle est tracée une graduation des degrés de l'aréomètre, et quelquefois une double graduation des degrés d'un
thermomètre, afin de connaître en même temps la température du liquide. — D'après les principes d'hydrostatique que
nous avons énoncés plus haut, Beaumé imagina, dans le siècle
dernier, de varier la densité du liquide, sans en changer ni le
volume ni le poids. En conséquence, il fit dissoudre une livre
de sel marin dans une masse d'eau qui pesait 99 livres, et il y
plongea un tube de verre : à l'endroit où ce pèse-liqueur

(*) Poids qui sert à maintenir en équilibre un vase dans l'eau.

à 45 degrés, on obtient 25 pour 25, et enfin 22.5 pour 25 seulement de sucre sec, si l'on pousse au delà de 45 degrés.

s'arrêta, il marqua 1 degré. Pour trouver le 2ᵉ degré, il fit dissoudre 2 livres du même sel dans 98 livres d'eau ; pour le 3ᵉ degré, il fit dissoudre 3 livres de sel dans 97 livres d'eau, et ainsi de suite, augmentant graduellement d'un centième la quantité du sel, diminuant d'autant celle de l'eau, et marquant à chaque opération pour un degré les différents points de l'aréomètre. — Beaumé a aussi fait un aréomètre pour l'alcool et les autres liquides plus légers que l'eau, mais il a été presque abandonné pour celui de Gay-Lussac. Voici de quelle manière on établit celui-ci. On plonge un tube aréométrique, d'un diamètre régulier, dans l'eau distillée, et l'on marque 0 degré au point supérieur d'immersion ; on plonge ensuite le même tube dans l'alcool pur, il s'y enfonce d'avantage, et l'on marque 100 au point où il s'arrête. Ensuite on mêle 10 parties d'alcool et 90 parties d'eau ; puis 20 d'alcool et 80 d'eau, 30 d'alcool et 70 d'eau, et ainsi de suite jusqu'à la proportion de 90 parties d'alcool et 10 parties d'eau : les points où l'aréomètre s'arrête dans chacun de ces mélanges, donnent, sur la graduation intermédiaire, 10, 20, 30 degrés, etc., jusqu'à 90 ; et ces intervalles sont subdivisés chacun en 10 parties : de sorte que l'instrument, ainsi gradué, indique exactement combien de centièmes d'alcool sont contenus dans un mélange d'eau et d'alcool dans lequel on le plonge. — Il faut toujours tenir compte de la température du liquide sur lequel on opère, puisqu'elle fait varier les volumes et par conséquent le poids, à volume égal, des liquides. M. Gay-Lussac a dressé un table de rectification pour les diverses températures auxquelles les liquides se trouvent quand on les pèse.

FERMENTATION.

Comme nous l'avons déjà dit, on appelle *fermenta-tion*, la décomposition spontanée ou artificielle d'un corps dont les éléments se séparent les uns des autres pour se réunir en grande partie d'une autre manière, et former d'autres corps.

On admet généralement quatre espèces de fermentations : 1° la fermentation alcoolique; 2° la fermentation acide; 3° la fermentation visqueuse; 4° la fermentation putride.

Nous n'avons à nous occuper que des fermentations alcooliques et acide, c'est à dire, de celles dont les produits sont l'alcool et l'acide acétique.

FERMENTATION ALCOOLIQUE.

Parmi les produits végétaux, on ne connait que le sucre qui soit susceptible d'éprouver cette fermentation.

Il faut, pour qu'une substance végétale fournisse de l'alcool, qu'elle contienne naturellement, comme le raisin, un principe sucré et un ferment, ou comme les céréales et la pomme de terre, de l'amidon ou fécule, que l'on convertit successivement en sucre et en alcool au moyen de la diastase ou de l'acide sulfurique, et d'un ferment (1).

(1) Le *ferment* est le produit d'une altération que subissent

Mais deux conditions sont nécessaires à la fermentation : le contact de l'air et la production de gaz acide

le gluten (*) et l'albumine des végétaux (**), altération qui ne s'opère qu'au contact de l'air, et que la fermentation elle-même favorise. Le précipité qui se dépose quand la fermentation est terminée, consiste, suivant les circonstances, en un mélange de ferment pur, et peut-être de ferment décomposé par la fermentation avec des corps insolubles qui sont contenus dans la liqueur fermentée, et qui peuvent s'y trouver d'avance ou prendre naissance pendant la fermentation.

Le gluten n'agit qu'après avoir subi un changement particulier, et il est probable que c'est à cause de ce changement que le contact de l'air avec les sucs végétaux est indispensable. On admet assez généralement, comme résultat des expériences faites sur la fermentation, que le gluten, tant qu'il est dissous dans le suc végétal, ne favorise point la fermentation, qu'une portion de gluten est d'abord précipitée sous l'influence de

(*) Le *gluten* est un principe immédiat des graines des céréales, dans lesquelles il forme comme un réseau, dont les mailles emprisonnent les granules d'amidon. On l'obtient en mêlant de la farine avec de l'eau, de manière à la réduire en une pâte épaisse, et en malaxant cette pâte avec les mains sous un filet d'eau, jusqu'à ce que celle-ci cesse de devenir laiteuse. Après que les granules d'amidon ont été ainsi entraînés par l'eau, il reste une matière d'un blanc grisâtre, très visqueuse, collante, élastique, insipide, insoluble dans l'eau et susceptible d'être étendue en lames minces. Si on la fait dessécher, elle devient d'un brun foncé, fragile, très dure et demi-transparente; sa cassure est vitreuse. Une température élevée la décompose. Au contact de l'air humide, le gluten perd son élasticité, se ramollit et se putréfie comme une matière animale, en répandant une odeur ammoniacale. Il est composé de carbone, d'hydrogène, d'oxygène et d'azote. A l'état de pureté, sa composition différant très peu de la fibrine animale, on lui a donné aussi le nom de *fibrine végétale*. La quantité de gluten est la mesure de la bonne qualité de la farine, qui lui doit la propriété de faire pâte avec l'eau, de lever et par conséquent de faire de bon pain. — On emploie le gluten pour faire du vernis, et pour coller les fragments de poteries; il suffit pour cela de triturer avec un peu d'alcool le gluten altéré par l'eau.

(**) Tous les sucs végétaux sucrés, exposés à l'air à une température de 40 à 55 degrés, éprouvent une altération profonde; ils se troublent et laissent déposer un sédiment gris ou jaune sale, qui est du ferment.

carbonique. Une grappe de raisin non endommagée se conserve et se dessèche; mais une fois que l'épi-

l'air, attendu qu'au commencement de la fermentation, la liqueur se trouble, et que, dans le courant de la fermentation, la totalité du gluten passe à l'état où il devient propre à la fermentation : car, quand la fermentation est achevée, on trouve dans la liqueur un précipité insoluble qui jouit de la propriété de faire entrer en fermentation les dissolutions de sucre pur, propriété qui lui a valu le nom de *ferment*.

Cett propriété du ferment, de déterminer la fermentation dans un liquide contenant du sucre en dissolution, est du reste très fugace; et des altérations fort légères suffisent pour le lui enlever à jamais. Par exemple, il perd ses qualités au contact ou sous l'influence de certains acides, alcalis, sels, et de quelques autres corps.

Pendant la fermentation, le ferment subit une altération, car il perd la propriété de faire fermenter un autre liquide. Il est probable que cette altération dépend d'une réaction chimique entre le ferment et le sucre qui est décomposé, car une certaine quantité de ferment ne peut déterminer la fermentation que d'une certaine quantité de sucre, et tout le sucre excédant cette quantité reste dans la liqueur sans subir d'altération.

On sait d'une manière positive que, dans le cas où il y a production de ferment, c'est la quantité de gluten et d'albumine végétale excédente sur celle qui est nécessaire pour opérer la décomposition du sucre, qui se transforme en ferment, lequel reste à l'état de mélange avec le ferment détruit par la fermentation, et constitue ainsi la levure.

Il y a plusieurs espèces de ferments; celui qui agit le plus rapidement est la levure de bière. Ceux dont l'action est plus

derme est déchiré, le raisin ne tarde pas à subir le mouvement de fermentation; c'est là le commencement de sa métamorphose. Ainsi le moût de vin, le suc des pommes, des baies, du miel et même des fleurs et des branches contuses, éprouvent, sous l'influence du ferment, comme un mouvement d'ébullition dû au

lente sont l'albumine, la fibrine (*), le caséum (**), le lait, la salive, enfin toute matière animale non cristallisable.

Pour préparer du ferment pur, ou au moins un mélange riche en ferment, on se sert du précipité qui se forme pendant la fermentation d'une infusion limpide de malt, et qu'on appelle communément levure. On lave cette masse à l'eau froide distillée, et on l'exprime entre des doubles de papier brouillard.

Plusieurs chimistes et physiologistes considèrent le ferment et notamment la levure de bière comme un assemblage d'une multitude infinie de petits êtres organisés, de forme plus ou moins sphéroïdale ou allongée, vivant au sein d'une atmosphère d'acide carbonique. Ces êtres microscopiques, qui varient de grosseur suivant la nature du ferment, perdent leur énergie spéciale quand ils sont désorganisés. Toutes les substances qui, comme les huiles essentielles, la créosote, les acides minéraux, etc., détruisent ces végétaux, arrêtent aussi la fermentation.

(*) La *fibrine* est un principe immédiat des animaux, composé d'hydrogène, d'oxygène, de carbone et d'azote; il se trouve dans le chyle, dans le sang et dans les muscles, dont il fait la base. La fibrine est solide, blanche, insipide, inodore, plus pesante que l'eau, molle et légèrement élastique. Elle devient dure, cassante, et acquiert une couleur jaune plus ou moins foncée, lorsqu'on la dessèche. Pour l'obtenir, on bat le sang avec une poignée de bouleau, immédiatement après sa sortie de la veine: le fibrine vient s'attacher au bois; il suffit ensuite de la soumettre à des lavages réitérés pour la décolorer et l'avoir pure.

(**) Le *caséum* est un principe immédiat des animaux, qui ne se rencontre que dans le lait, et qui forme la base du fromage. On l'obtient en abandonnant le lait à lui-même, et en séparant la crème à mesure qu'elle se forme; on lave le caillot précipité, on l'égoutte et on le dessèche. Ce caillot est le caséum pur.

dégagement du gaz acide carbonique. C'est ce gaz qui, comprimé avec force dans les vases, rend les vins, les cidres et les autres boissons pétillants et mousseux.

Le sucre extrait des plantes, s'il n'était mélangé à d'autres corps, ne subirait aucune altération ; il faut, pour qu'il fermente, non seulement qu'il soit dissous dans une proportion convenable d'eau, mais encore que cette solution contienne une matière particulière qu'on nomme ferment, et soit exposée à une température de 20 à 30 degrés. Toutes ces conditions sont indispensables, et, sans elles, il n'y a point de fermentation alcoolique possible.

Les phénomènes de la fermentation ont été sérieusement observés par un grand nombre de chimistes. Voici ce qui se passe.

Que l'on prenne, par exemple, 5 parties de sucre, 20 d'eau et 1 de ferment, et que l'on mélange le tout dans un flacon auquel on adaptera un tube recourbé, de manière à pouvoir conduire les fluides élastiques sous un appareil pneumatique. La température étant supposée de 20 à 30 degrés, comme on l'a déjà dit, on voit bientôt de petites bulles de gaz venir se grouper autour des molécules de ferment, et, lorsqu'elles sont réunies en assez grand nombre pour vaincre l'excès du poids de ces petits corps solides, elles entraînent ceux-ci à la surface du liquide, ou bien elles s'en détachent et arrivent seules pour se répandre dans l'atmosphère. Ce mouvement va toujours croissant jusqu'à un certain terme, et la liqueur se trouve à cette époque brassée en tous sens par cette foule de petits aérotats, qui, d'abord entraînés vers la partie supérieure, s'y rassemblent sous forme d'écume; là ils perdent leur gaz, puis ils retombent de tout leur poids pour venir puiser de nouveau gaz et recommencer le même trajet. Ce mouvement continuel de va et vient maintient la liqueur dans un état parfait d'homogénéité : tous les points participent également à la fermentation, qui se continue d'elle-même, jusqu'à ce qu'elle soit entièrement achevée. Lorsque la température est favorable, les progrès de l'opération se reconnaissent facilement aux caractères extérieurs, car ils sont toujours proportionnels au dégagement du gaz et au mouvement intérieur qui se manifeste. On juge de la terminaison complète par le repos absolu succédant à la perturbation générale qui s'était produite. Les parties insolubles se précipitant, la liqueur s'éclaircit, et, si on la déguste, on ne retrouve plus aucun vestige de saveur sucrée, mais bien au contraire un goût tout-à-fait vineux et qui n'a plus rien d'analogue avec la saveur primitive. On obtient, en effet, par la simple distillation, une quantité d'alcool relative à la proportion du sucre employé. Si, d'un autre côté, on essaie le gaz qui s'est dégagé aux différentes époques de la fermentation, on voit qu'il est toujours identique avec lui-même, et entièrement composé d'acide carbonique. En comparant enfin le poids de l'alcool réel et de l'acide carbonique obtenus, on trouve qu'ils représentent, à une minime différence près, la quantité totale du sucre employé. La perte éprouvée par le ferment est si faible, qu'elle mérite à peine d'entrer en ligne de compte. M. Thénard l'a estimée d'un centième et demi.

Ces résultats paraissent, au premier aperçu, très simples et faciles à concevoir; mais en y réfléchissant un peu, on s'aperçoit bientôt qu'on ne saurait actuellement en donner aucune explication vraiment satisfaisante, et on serait fort embarrassé, par exemple, de pouvoir déterminer quelles sont les véritables fonctions du ferment.

On ne peut faire que des hypothèses plus ou moins vagues sur le rôle que joue le ferment dans la fermentation. Fournit-il une partie de ses éléments à l'alcool et à l'acide carbonique, ou son action se borne-t-elle simplement à une action de présence, c'est à dire, à déterminer, sans rien prendre ni sans rien céder, un nouvel arrangement moléculaire dans les principes constituants du sucre? C'est ce qu'on ignore. Cependant cette dernière manière de voir paraîtra la plus vraisemblable si l'on se rappelle que la composition du sucre peut être représentée par celle de l'alcool et de l'acide carbonique, moins une certaine quantité d'eau, et que la fermentation ne peut avoir lieu en l'absence de ce liquide. En effet 100 parties de sucre cristallisé réagissent sur 5.025 d'eau, et donnent 51.298 d'acide carbonique, et 53.727 d'alcool absolu; total : 105.025.

M. Collin, après avoir reconnu qu'il existe un grand nombre de ferments différents, admet que les substances azotées ne jouissent, dans ce cas, de plus d'efficacité que parce qu'elles sont beaucoup plus altérables que celles qui n'en contiennent pas; qu'un ferment n'a d'autre fonction que de développer, par sa décomposition spontanée, une force initiale qui met l'électricité en jeu, et que la fermentation se manifeste sous l'influence de ce fluide (1). Voici sur quoi cet habile chi-

(1) On nomme *fluide* tout corps dont les parties sont extrêmement mobiles, et roulent avec la plus grande facilité les unes sur les autres. Les liquides, les gaz, sont des fluides. On donne aussi ce nom à certaines substances impondérables (qui ne peuvent être pesées), telles que l'électricité, le magnétisme. — L'*électricité* est un agent physique universellement répandu dans tous les corps, dont on apprécie les effets, mais dont on ne connaît encore ni l'origine ni la véritable nature. L'électricité ne saurait être expliquée, dans l'état actuel de nos connaissances, sans admettre deux sortes de fluides électriques. Ces deux fluides existent ensemble dans tous les corps; mais ils y sont si bien combinés, et s'y neutralisent tellement, qu'au premier abord rien n'y révèle leur présence. On connaît plusieurs moyens propres à détruire cette combinaison : alors l'un d'eux ou tous les deux à la fois deviennent sensibles. Ces moyens sont le frottement, la chaleur et le contact. Ainsi on développe de l'électricité dans le verre et la résine en les frottant; il suffit de chauffer la tourmaline (espèce de minéral)

miste fonde son opinion. Il a été reconnu par M. Gay-

pour produire le même phénomène ; par le simple contact de 2 lames métalliques de différente nature, on fait apparaître les deux fluides. Quel que soit le mode employé pour mettre en liberté ces fluides, ils ont toujours les mêmes propriétés, savoir, celles d'attirer d'abord et de repousser ensuite les corps légers. Si, par exemple, on fait l'expérience avec des balles de moelle de sureau dont l'une est électrisée par le verre et repoussée par lui, l'autre électrisée par la résine et repoussée par elle, on observe que le verre attire fortement la balle électrisée par la résine, et réciproquement la résine attire vivement la balle électrisée par le verre. Il résulte de là que l'électricité du verre et celle de la résine ne sont pas de même nature ; l'une attire ce qui est repoussé par l'autre. En conséquence, on appelle la première *électricité vitrée*, et la seconde *électricité résineuse*. Mais généralement on substitue à l'électricité vitrée le nom d'électricité *positive*, et à l'électricité *résineuse* celui d'électricité *négative*. On a conclu de l'expérience dont nous venons de parler et d'autres analogues, que les électricités de noms contraires s'attirent, et que celles de mêmes noms se repoussent. — Parmi les corps, les uns acquièrent l'électricité par le frottement, les autres n'en acquièrent que par la chaleur ou le contact. Mais ceux-ci jouissent de la propriété de se laisser facilement pénétrer de l'électricité qui leur est communiquée et de la conduire avec une extrême rapidité. Ils sont appelés pour cela *bons conducteurs de l'électricité*. Les autres corps sont au contraire nommés *mauvais conducteurs*. Les métaux, le sol, l'eau, la vapeur d'eau, les corps animaux, sont de bons conducteurs ; le verre, la résine, le soufre, le succin, l'air sec, etc., sont de mauvais conducteurs. L'électricité peut être communiquée au contact et à distance. Dans ce dernier cas, elle présente le phénomène de l'étincelle électrique ;

Lussac que le concours d'une petite quantité d'air ou d'oxygène était nécessaire pour commencer la fermentation vineuse; mais il a vu aussi qu'un courant galvanique pouvait y suppléer. Or, selon M. Collin, ce sont deux sources différentes d'une même cause.

ALCOOL.

Pour obtenir l'alcool, on commence d'abord par transformer la fécule en sirop, de la manière que nous avons dite. Seulement, lorsqu'on arrive à l'évaporation de la liqueur, il est inutile d'aller au delà du degré

sa lumière est éblouissante, et le bruit qui l'accompagne, est plus ou moins éclatant, suivant que la quantité des fluides contraires qui se réunissent et se combinent, est plus ou moins considérable. — L'électricité produit des phénomènes extraordinaires : dans certaines circonstances, elle opère ou favorise la décomposition des corps composés ; dans d'autres, elle opère ou favorise la combinaison des éléments chimiques. C'est à l'électricité qu'est dû le phénomène de la foudre : deux nuages chargés d'électricités contraires, arrivés en présence l'un de l'autre, occasionnent une décharge, c'est à dire, la réunion de leurs fluides, d'où résultent l'éclair et le tonnerre. Ce phénomène est souvent produit par la réunion de l'électricité de la terre avec celle d'un nuage : c'est ce qui a donné lieu à l'invention du paratonnerre. — On a mis à profit la propriété qu'ont certains corps de conduire l'électricité, pour former des télégraphes au moyen desquels on pût transmettre des signaux avec la rapidité de la pensée, la nuit comme la jour, et à des distances très éloignées. Le fluide électrique se meut avec une telle vitesse, qu'il peut faire trois fois le tour du globe en une seconde.

qui est nécessaire pour pouvoir établir la fermentation. Il suffit que cette liqueur marque 7 à 8 degrés
de l'aréomètre. On y délaie alors, aussi bien que possible, de la levure de bière (1) dans le rapport de 5 à 6 litres pour 100 kilog. de fécule employée ; on abandonne
ensuite le mélange à une température de 20 à 25 degrés qu'on a soin de soutenir et de répartir uniformément dans toute la masse, sans quoi la fermentation
pourrait s'interrompre, et il deviendrait difficile, souvent même impossible, de la rétablir.

A mesure que l'alcool se développe, la densité de

(1) La *levure* est une substance sécrétée du moût de bière
pendant l'acte de la fermentation. On la dessèche et on la
livre aux distillateurs et aux boulangers en petites mottes
arrondies d'un quart à un demi-kilogramme. Les distillateurs
l'emploient pour faire fermenter les diverses substances qu'ils
veulent transformer en liqueurs alcooliques, et les boulangers
s'en servent, au lieu de levain, pour faire fermenter la pâte
du pain. Nous ferons observer, d'après Parmentier, qui s'est
livré à de grandes études sur la panification, que le levain de
pâte est préférable à la levure de bière pour faire lever le pain.
L'action de la levure varie à tout moment; elle se gâte aussi
rapidement que les substances les plus amylacées. Un coup
de tonnerre, le vent du sud, quelques exhalaisons fétides, suffisent pour la corrompre pendant qu'on la transporte : alors
elle communique de l'aigreur, de l'amertume et de la couleur
au pain. D'ailleurs, quelle que soit sa qualité, le pain est constamment moins bon ; si le premier jour il est passable, le lendemain il est gris, s'émiette aisément et a une amertume qui
se communique à tous les mets.

la liqueur diminue, et, lorsqu'elle est descendue à 1 degré, ou mieux à 0, que d'ailleurs le mouvement tumultueux a cessé, on juge qu'il est temps de la soumettre à la distillation. Il ne faut y apporter aucun retard, car cette espèce de vin artificiel passe promptement à l'acide.

Ce procédé donne de bons résultats et ne peut jamais manquer de réussir dans des mains exercées.

On a remarqué que, lorsque la fermentation s'opère avec lenteur, la liqueur devient quelquefois mucilagineuse et donne peu d'alcool; néanmoins, le sucre se trouve détruit. On a donné à ce changement le nom de *fermentation visqueuse*. Elle consiste en ce que le sucre se transforme en une espèce de gomme visqueuse, dont la dissolution est ce qu'on appelle filante.

Les pommes de terre peuvent être appliquées directement à la fabrication de l'alcool. On les réduit préalablement en bouillie; pendant que celle-ci est encore à la température de 40 à 45 degrés, on y ajoute 25 kilog. d'orge maltée (préparée pour la bière) et concassée, pour 400 kilog. de tubercules employés; on brasse fortement ce mélange dans une cuve en bois, d'une contenance de 14 hectolitres environ; on laisse en repos, pendant 20 à 30 minutes, la cuve fermée d'un couvercle en bois. Au bout de ce temps, on recommence à brasser fortement, en faisant couler dans le mélange un filet d'eau bouillante, jusqu'à ce que la température de toute la masse soit de 50 à 55 degrés; on laisse encore macérer pendant deux ou trois heures, en tenant la cuve bien close; on brasse alors de nouveau, en faisant couler un filet d'eau froide ou tiède, jusqu'à ce que le volume total soit de 12 hectolitres et la température de 25 degrés environ; on ajoute deux litres de levure épaisse et récente. Il paraît que la conversion de la fécule en sucre continue à s'opérer en même temps que ce dernier subit la fermentation alcoolique. Quand on juge que le mouvement tumultueux de la fermentation a cessé, il faut soumettre sans retard le produit à la distillation, dans la crainte qu'il ne passe à l'acide.

BIÈRE (1).

La bière est aussi une liqueur alcoolique, qui résulte de la fermentation du sirop d'amidon ou de fécule des

(1) La bière était connue des peuples anciens. C'était la boisson la plus commune d'une grande partie de la population de l'Egypte. Les Espagnols et les Gaulois connaissaient de temps immémorial la manière de la préparer. Tacite dit que les Germains avaient un breuvage fait avec de l'orge convertie par la corruption (fermentation) en une espèce de vin; ce qui fait voir que la bière des Germains était une liqueur fermentée comme le vin, et qui devait être en effet semblable à notre bière. L'emploi du houblon dans la fabrication de cette boisson, est de date récente; aussi les bières des anciens devaient-elles facilement tourner à l'aigre, et éprouver la fermentation acide.

graines céréales, de l'orge particulièrement, et de la pomme de terre. Mais on suit, pour sa préparation, d'autres procédés que pour l'alcool. Avant de décrire celui qui concerne spécialement la bière de fécule de pomme de terre, il est utile que nous fassions connaître d'une manière sommaire au moins la théorie de la fabrication et de la composition de la bière avec les graines (1). Cette théorie est fondée sur les principes suivants de physiologie végétale.

La germination des graines dans le sein de la terre sous l'influence de la chaleur et de l'humidité, donne lieu à la transformation en sucre de la fécule qu'elles cnotiennent ; ce sucre passe ensuite de la graine dans la plante qu'elle produit, et dont il est, en quelque sorte, le premier aliment ; la tige se développe aux dépens du sucre formé.

C'est en faisant germer artificiellement l'orge ou toutes autres graines de céréales qu'on opère la saccharification de leur fécule pour la fabrication de la bière. Un signe certain de la transformation de cette fécule en sucre est le développement de la plantule (2),

(1) On peut aussi produire de la bière avec les autres matières sucrées, mais le goût qu'elles lui communiquent, étant moins agréable que celui des graines céréales, on ne se sert généralement que de celles-ci ; on n'emploie guère les autres que comme additions et par économie.

(2) On nomme *plantule* (petite plante) le rudiment de la tige qui sort du grain au moment de la germination.

égal à la longueur du grain. Si on la laissait grandir davantage, elle absorberait la matière sucrée, et le grain ne pourrait plus en fournir pour la fermentation alcoolique, qu'on doit lui faire subir ultérieurement.

C'est sous l'influence de la diastase (*Voyez* note 2, p. 175) qu'a lieu cette saccharification. Le premier effet de la germination est de développer dans le grain cette matière, qui aussitôt réagit sur une partie de l'amidon, sépare les téguments et produit de la dextrine sucrée. (*Voyez* aussi ce mot, page 175).

C'est là une des premières opérations dans la fabrication de la bière. Quand la matière sucrée est ainsi préparée, on l'extrait des graines en faisant tremper celles-ci dans l'eau. On opère ensuite une décoction de houblon (1) dans le liquide, et on fait fermenter.

(1) Le houblon est une plante grimpante à racine vivace, de la famille des urticées, à laquelle appartiennent aussi les orties. — La partie active du houblon, la seule qui soit véritablement utile dans la fabrication de la bière, est une poussière jaune, granulée, aromatique, qui se trouve à la base des fleurs du houblon. Cette sécrétion pulvérulente forme le huitième du poids des folioles. Elle renferme de l'huile essentielle, de la résine, une matière azotée, une substance amère, une substance gommeuse, et divers sels en petite quantité. Le houblon nouveau et bien sec mérite la préférence. Le houblon a pour effet non seulement d'aromatiser la bière, mais encore et principalement de lui donner la faculté de se conserver un certain temps. Dans quelques bières, on remplace le houblon par des huiles essentielles tirées des

Nous allons passer brièvement en revue cette série d'opérations qui peuvent intéresser les cultivateurs qui aiment à s'instruire sur tout ce qui se rattache à leur art.

« La fabrication de la bière, dont la consommation est la boisson presque unique des contrées qui n'ont pas de vignes, a peut-être été trop oubliée par les cultivateurs, dit M. Dubrunfaut, qui a fait une étude spéciale de la saccharification des fécules. Les campagnes sont tributaires des villes pour cette boisson, qu'elles pourraient cependant confectionner avec plus d'économie et d'avantage. L'usage de la bière s'étend tous les jours; elle va même, jusque dans les pays vignobles, partager avec le vin le droit de désaltérer le peuple, et j'oserais presque affirmer par ma propre expérience qu'elle remplit ce but, quand elle est bien fabriquée, avec plus de succès que le vin et que toute autre boisson. L'on m'objectera peut-être qu'on ne doit pas espérer que cette fabrication, vu la nature volumineuse de ses produits, puisse devenir complètement agricole, à cause des difficultés et des frais qu'exigerait le transport de ces mêmes produits dans les villes. Je répondrai à cette allégation que de semblables motifs ne sont rien moins que suffisants pour constituer un obstacle. Les frais de transport

écorces d'arbres résineux ; mais aucune d'elles n'a le parfum du houblon.

coûtent bien moins aux agriculteurs qu'aux manufacturiers urbains. Il suffirait d'organiser les établissements avec une importance relative à la nature des localités, qui, d'ailleurs, ne leur conviendraient pas toutes également bien, et de les proportionner aux débouchés dont ils seraient environnés. Les campagnes commenceraient d'abord, par ce moyen, à pourvoir à leurs propres besoins; puis, je ne vois point d'obstacle à ce que celles qui seraient le plus à proximité des villes parvinssent par la suite à les approvisionner plus ou moins complètement. L'essentiel serait à présent de propager ces établissements utiles dans les exploitations rurales; le temps et l'industrie feraient le reste. »

Manipulations.

Mouillage. On met la graine dans une cuve où l'on verse une assez grande quantité d'eau pour faire flotter les graines qui sont en partie vides. Ces graines, qui sont enlevées à l'écumoir, peuvent servir à la nourriture de la volaille. La durée du mouillage est très variable; elle peut aller de six à soixante heures. On juge que le grain est suffisamment imbibé lorsqu'il est bien renflé, qu'en le pressant sous le doigt il s'écrase facilement, qu'il a une saveur sucrée, et qu'il a communiqué à l'eau une couleur rougeâtre ou d'un brun luisant. On renouvelle l'eau plusieurs fois.

Quand le grain a atteint le degré d'humectation convenable, il faut se hâter de le laver en le remuant, et de faire écouler l'eau promptement, parce qu'il se forme à la surface une sorte de fermentation qui altère la qualité de la bière.

Le gonflement du grain, qui continue pendant l'égouttage, dont la durée varie de cinq à douze heures, va de un dixième à trois dixièmes du volume primitif.

Germination. Pour déterminer la germination du grain, on le met en couches au sortir de la cuve. La masse s'échauffe et la germination se produit progressivement. En été, la hauteur moyenne à donner aux couches est de 9 pouces; en hiver, elle est d'un pied. Dans cette dernière saison, on concentre la chaleur en recouvrant le grain avec des toiles. Cette opération peut se faire dans des celliers ou dans des caves préparées exprès pour servir de germoir. Afin de rendre la germination uniforme dans toute la masse, on retourne celle-ci deux ou trois fois par jour, et on l'arrose au besoin pour compenser le dessèchement du grain. La température doit varier le moins possible. La germination peut être achevée en une dizaine de jours environ.

Dessiccation. Après avoir ainsi converti en sucre la majeure partie du gain, on porte celui-ci dans un séchoir appelé *touraille* (1), où s'opère une saccharifica-

(1) Les brasseurs donnent le nom de *touraille* au fourneau à l'aide duquel ils font dessécher et, dans quelques circonstances, torréfier le grain germé. Cette partie essentielle d'une

tion ultérieure du grain qui y est exposé à une température plus ou moins élevée : il doit être très desséché et non grillé. Les radicules (1) devenant friables et faciles à détacher du corps du grain, on les enlève, soit en trépignant sur les grains et les remuant à la

brasserie est ordinairement un bâtiment ayant la forme d'une pyramide tronquée renversée. Le foyer est au bas ; les produits de la combustion et l'air chaud s'élevant dans cette pyramide renversée, rencontrent à la partie supérieure une plate-forme formée de plaques de tôle criblées de trous, ou d'une toile métallique, et passent à travers leurs ouvertures ; sur cette plate-forme sont étendus les grains, que dessèchent en passant les gaz chauds. Comme quelques petits débris et des radicules peuvent traverser les orifices, et qu'en tombant sur le feu, ils donneraient de la fumée et communiqueraient un goût désagréable au grain et à la bière, on dispose entre la plate-forme et le foyer une espèce de toit en briques ou en fonte, soutenu par des supports en fer. Ce toit n'est percé que de fentes latérales, qui livrent le passage nécessaire aux produits de la combustion. Le fourneau est construit de manière à réverbérer la chaleur et à brûler, aussi bien que possible, la fumée, dont on évite la production en n'employant que du charbon de terre épuré (coke). Le feu doit être d'abord très modéré, de manière à élever la température du malt à 50 degrés centigrades seulement, jusqu'à ce que le grain soit entièrement sec. — Les personnes qui voudraient faire de la bière pour la consommation de leur ménage, peuvent dessécher le grain germé par les moyens qui sont à leur portée, par exemple, dans un fourneau à café, une chaudière

(1) On nomme *radicule* la racine qui, pendant la germination, commence à se développer en même temps que la tige.

pelle, soit en les faisant passer à travers un tarare (1)
à toile métallique, ou enfin de toute autre manière.
Cet enlèvement des radicules est important, parce que,
loin de donner de la matière sucrée dans la trempe
des grains, elles en absorberaient plutôt, et communiqueraient un goût désagréable à la bière. Pour rendre facile cette séparation, il convient, quand on ne
dessèche pas à une haute température, d'élever un
peu celle-ci vers la fin de l'opération.

L'orge, ou toute autre graine, quand elle a subi les
diverses opérations que nous venons de décrire, prend
le nom de *malt* ou *drèche*.

Mouture. On porte la drèche au moulin non pour la
réduire en farine mais seulement pour la concasser,
parce que, dans l'opération suivante, celle de la trempe,
la farine se tasserait au fond des vases et s'opposerait
à la filtration de l'eau. On donne par conséquent aux
meules un écartement convenable. On a soin préalablement de laisser au grain le temps d'absorber l'humidité
de l'air, et au besoin on l'arrose légèrement, pour que,
dans la mouture, il ne se produise pas trop de folle farine, qui en se tassant, s'opposerait également à la filtration de l'eau.

L'orge crue, lorsqu'elle est employée, doit subir
la même préparation.

Brassage. Le malt ainsi concassé est mis dans l'eau

---

(1) Le *tarare* est une machine qui sert à nettoyer les grains,
et qui tient lieu de crible et de van.

pour dissoudre la matière soluble et sucrée qu'il renferme. Cette opération a lieu dans une cuve dite *cuve-matière*, qui a la forme d'un cône tronqué, dont le plus grand diamètre est en bas. Cette cuve a un faux fond percé de trous, qui est distant de 5 à 6 pouces du fond inférieur; c'est sur ce faux fond qu'on place le grain. On fait arriver de l'eau à 47 degrés environ entre les deux fonds; le grain concassé est soulevé par elle; et on le force à s'y mélanger, à s'y diviser et à s'y dissoudre en partie, au moyen de *fourquets* (pelles en fer percées de plusieurs ouvertures parallèles dans la longueur). D'abord il se forme une pâte liquide; puis, après quelque temps de repos, on fait arriver de l'eau presque bouillante, et l'on délaie en brassant constamment avec les *vagues* (instruments semblables à de petites échelles attachées au bout de longs manches). Cette manipulation, qui se fait à bras dans la plupart des pays, a produit le nom de *brassage* et de *brasseurs*. Il est nécessaire, pour diminuer la résistance, d'employer une grande quantité d'eau. On laisse ensuite le mélange reposer pendant deux ou trois heures dans la cuve, que l'on tient couverte, afin que la température ne baisse pas sensiblement. Pendant ce temps, la saccharification continue et la dissolution s'achève.

On soutire la solution par un tuyau qui aboutit entre les deux fonds, et on la reçoit dans une petite cuve, d'où on la prend pour la jeter dans une chaudière où se fera l'opération subséquente. Mais, comme les premières parties du liquide écoulé sont troubles, on les remet dans la *cuve-matière*.

La solution ainsi extraite a reçu le nom de *première trempe* ou *premiers métiers*. On verse alors sur le malt resté dans la cuve-matière, de l'eau plus chaude que la première fois, et d'autant plus chaude que la cuve se trouve plus refroidie; on brasse, et au bout d'une heure on la soutire pour l'introduire aussi dans la chaudière; c'est ce qu'on appelle *deuxième trempe* ou *deuxièmes métiers*. Enfin on verse une troisième eau sur le malt pour achever son épuisement, pendant que l'on soumet les deux premières trempes à la cuisson. Après que cette troisième eau est restée deux heures sur le malt, on la soutire.

La *troisième trempe* est employée pour faire une bière faible; une addition de sirop de fécule complète le degré de force voulu.

Cuisson avec le houblon. La décoction (1) du houblon dans la solution de malt a lieu dans une chaudière que l'on chauffe sur un foyer ou à la vapeur. On doit opérer cette cuisson à la température de 90 à 95 degrés, et maintenir quelques minutes seulement à la température de l'ébullition, qui paraît être indispensable pour coaguler l'albumine. Le temps nécessaire

(1) On donne le nom de *décoction* à l'opération qui a pour objet la dissolution, dans l'eau bouillante, de matières organiques, telles que les plantes.

pour effectuer une décoction convenable du houblon est de trois à quatre heures. Il faut avoir soin de clore la chaudière pour éviter la perte d'une partie de l'huile essentielle du houblon, et pour perdre le moins possible de chaleur par l'évaporation. La liqueur ainsi obtenue par la cuisson prend le nom de *moût*.

Repos et refroidissement du moût. Il s'agit maintenant de clarifier la solution et de l'amener à une température assez basse pour que la fermentation qu'on y développera ensuite ne soit pas trop active et ne fasse pas tourner la bière à l'aigre. On opère de la manière suivante. On laisse couler le moût et le houblon, par le conduit placé au fond de la chaudière, dans une caisse en bois garnie, sur toutes ses parois, d'une toile métallique à travers laquelle passe le liquide, et dans laquelle reste le houblon. De là la liqueur passe dans un grand réservoir appelé *bac à repos*. Ensuite on la décante à mesure qu'elle s'éclaircit. Comme les couches supérieures sont celles qui s'éclaircissent et se refoidissent les premières, on a imaginé, pour faire la décantation par en haut, le moyen suivant. Il consiste dans un flotteur qui baisse avec le niveau du liquide, et maintient constamment à sa hauteur l'ouverture d'un tuyau qui communique dans un robinet par lequel le moût s'échappe. Pour opérer le refroidissement de celui-ci au degré convenable à la fermentation, on peut suivre plusieurs méthodes. La plus ordinaire consiste à conduire le moût, au sortir du bac à repos, dans d'autres bacs très larges et très peu profonds, où il s'évapore par une grande surface. Mais cette méthode a un inconvénient en été : le refroidissement n'est pas assez rapide ; il faut souvent remettre l'opération à la nuit, et encore la nuit entière ne suffit pas toujours, d'où suit l'altération de la bière. Pour parer à cet inconvénient, on a imaginé de faire circuler le moût dans des canaux fermés, dont on refroidit les faces intérieures et extérieures. Ce réfrigérant se compose principalement de deux tuyaux inclinés qui s'enveloppent l'un l'autre, et entre lesquels coule la liqueur. Dans le tuyau intérieur circule de l'eau froide ; et, à l'extérieur, le tuyau concentrique est enveloppé par des toiles, qui sont constamment mouillées par de petits jets d'eau froide qui s'échappent d'un tuyau supérieur parallèle au réfrigérant, et qui est percé d'un grand nombre d'orifices. En une heure ou une heure et demie au plus, ce réfrigérant abaisse la température du moût de 65 à 15 degrés centigrades, tandis qu'il faut 18 et par fois 24 heures pour qu'un pareil effet se produise dans les bacs. La température à laquelle on doit faire descendre le moût varie suivant celle de l'air : plus cette dernière sera élevée, plus elle tendra à accélérer la fermentation, et plus par conséquent il faudra, pour s'opposer à cette accélération, faire refroidir la liqueur ; en hiver on pourra l'abaisser seulement à 22 degrés.

Fermentation du moût. Au sortir de l'appareil à

refroidissement, le moût est conduit dans une grande cuve dite *cuve guilloire*, placée dans un lieu qui soit à l'abri des variations trop brusques de la température atmosphérique; on y ajoute de la levure, bientôt la fermentation commence, le liquide s'échauffe, l'acide carbonique se dégage en bulles et amène à la surface du liquide une écume qui épaissit et prend une teinte jaunâtre. Cette écume est de la levure nouvelle; on l'enlève et on la met en réserve pour la fermentation des autres moûts.

La quantité de levure qu'il faut introduire dans le moût pour le faire fermenter, varie suivant les espèces de bières, et doit être d'autant plus grande que la température est plus basse. Elle est d'un à deux dixièmes de la levure produite par la fermentation précédente, pour une même quantité de moût.

Dans les pays où la bière sert de boisson habituelle, on conduit lentement sa fermentation dans la cuve guilloire, on l'éclaircit avec soin pendant le brassage; et, à leur sortie de la cuve guilloire, on met de côté, pour les *repasser* dans une autre fermentation, la première et la dernière portion de liquide soutirées, parce qu'elles sont louches; les autres portions sont introduites dans de grands et de petits tonneaux.

Collage. Les bières fortes, contenant beaucoup de houblon, se conservent ordinairement longtemps sans s'aigrir, et par suite ont le temps de s'éclaircir en déposant; mais les bières légères ne peuvent être gardées que peu de jours, et alors, pour les clarifier, il est nécessaire de les *coller*. La matière employée à cet usage, est la *colle de poisson* (1). On la mêle au liquide

(1) La *colle de poisson* ou *ichthyocolle* est fournie par les membranes de la vessie natatoire des esturgeons; elle nous vient des pêcheurs russes, qui font sécher ces membranes après les avoir réunies en faisceaux. C'est une substance blanchâtre, tenace, demi-transparente; son tissu est fibreux et élastique. La colle de poisson est la matière de la gélatine presque pure. La plus grande partie de la colle de poisson s'emploie en France, en Angleterre, en Amérique, pour clarifier la bière, le vin, les liqueurs, le café. Dans les brasseries, on sépare les membranes à la main, on les bat au marteau, on les laisse tremper dans l'eau, qu'on maintient froide pendant un temps qui varie de 12 à 24 heures, suivant la saison; la matière se gonfle, on la malaxe (ramollit en pétrissant) à la main en y ajoutant peu à peu un poids décuple de bière faible, et l'on obtient enfin une gelée sirupeuse, que l'on passe à travers un linge; on y ajoute un vingtième d'eau-de-vie, si l'on veut la conserver plus longtemps, et on la garde en bouteille dans la cave. Avant de s'en servir, on la mélange avec un volume égal de bière. Dans cet état, elle laisse voir au microscope une multitude de fibrilles extrêmement déliées, souples, rameuses, répandues dans toutes les parties du liquide. Quand on l'a mêlée à la bière, toutes ces fibrilles, se resserrant et s'agglomérant sous l'influence de la levure qui est en suspension dans la bière, forment un réseau membraneux qui, en se précipitant, entraîne avec lui toutes les particules qui troublent la liqueur, tandis que celle-ci se trouve forcée de passer à travers ses innombrables mailles. La colle de poisson est la seule substance que jusqu'à présent on ait reconnue propre à clarifier la bière. — On fait aussi une assez

à clarifier, on agitant celui-ci avec un bâton ; après trois jours de repos, on soutire et l'on met en bouteille.

Pour que l'acide carbonique ne s'échappe pas à travers le bouchon, et que la bière reste *mousseuse*, on couche les bouteilles horizontalement pendant un jour, afin de bien humecter le bouchon ; on les relève ensuite : en les laissant plus longtemps couchées, elles casseraient presque toutes infailliblement.

Le sucre non décomposé qui est resté dans la liqueur y donne lieu, par sa fermentation ultérieure, à la production de 4 à 5 fois son volume d'acide carbonique. Ce gaz, ordinairement contenu par la fermeture hermétique des bouteilles, y produit une pression de 4 à 5 atmosphères, qui occasionne une explosion lorsqu'on débouche ces vases.

La substance gommeuse qui réside aussi dans cette boisson lui donne une légère viscosité et rend ainsi la mousse quelques instants persistante ; elle suffit en-

grande consommation de l'ichthyocolle comme substance alimentaire, de luxe surtout. Dissoute dans l'eau bouillante dans la proportion de 4 centièmes, lorsqu'elle est de bonne qualité, elle se prend en gelée par le refroidissement, et forme la base de plusieurs mets nutritifs assez agréables. Les divers sucs de fruits, les aromates, les acides végétaux, s'allient à ces gelées, paraissent sur les tables les plus somptueuses. — La colle de poisson est appliquée dans plusieurs cas en médecine. On la donne en gelée édulcorée avec quelque sirop mucilagineux, ou mêlée dans diverses potions, contre la dyssenterie, la diarrhée violente, le crachement de sang, etc.

18

core pour humecter la langue et le palais d'une façon spéciale, ce que les connaisseurs expriment en disant que la bière n'est pas *sèche,* qu'*elle a de la bouche* : propriétés qu'ils ne retrouvent plus dans la bière faite exclusivement avec du sucre ou du sirop de fécule à l'acide sulfurique.

Suivant leur degré de force, les bières contiennent, en volumes, de 2 à 20 pour 100 d'acide carbonique; de 4 à 8 pour 100 d'alcool; de 1 à 8 pour 100 d'extrait (1), et de 80 à 92 d'eau. La bière double anglaise contient de 4 à 5 pour 100 d'alcool.

Bière de pomme de terre.

On connaissait depuis longtemps la propriété que possède la fécule de pommes de terre d'être transformée en sucre, dont on peut aisément extraire de l'eau-de-vie; cette eau-de-vie de pomme de terre est même fort en usage dans le nord. Mais c'est aux travaux de M. Payen et aux recherches plus récentes de M. Dubrunfaut qu'on doit l'application de la fécule saccharifiée à la fabrication de la bière.

M. Dubrunfaut avait découvert la propriété que pos-

____

(1) Sous le nom d'*extrait*, on désigne un mélange de sucre d'amidon, de dextrine, d'acide lactique, de divers sels, de gluten, de matières grasses et des parties extractives et aromatiques du houblon. La proportion d'extrait, renfermant les parties fixes de la bière, exerce une grande influence sur ses propriétés nutritives.

sède l'orge maltée de convertir en un sirop fermentescible non seulement la fécule qu'elle contient, mais encore une quantité surajontée de fécule étrangère, égale au mois à quatre fois son poids. Dès lors, il fut frappé de l'application heureuse qu'on pouvait faire de ce fait à l'art du brasseur.

Un kilog. de fécule, converti en une pâte que M. Dubrunfaut désigne sous le nom d'empois, et macéré (1) dans l'eau avec une demi-livre de malt, fournit, par la filtration, une solution qui fut soumise à l'ébullition avec une trace de chaux. Il en résulta un liquide sucré bien limpide et transparent, lequel, par la concentration, donna un sirop d'un jaune ambré fort beau et d'un bon goût. M. Dubrunfaut obtint ainsi, d'un kilog. de fécule, 10 litres de moût fermentescible, qui , à 10 degrés du thermomètre, présentait 6 degrés de densité à l'aréomètre. Quinze grammes de houblon avaient été ajoutés pendant l'ébullition. Ce moût, soumis à la fermentation, exhalait une odeur très fraîche et très vineuse. La fermentation achevée, la liqueur fut clarifiée et mise en bouteille. Quinze jours après, elle moussait parfaitement, et son goût ne pouvait être mieux comparé qu'à celui de la bière qu'on fabrique à Paris.

M. Dubrunfaut opéra ensuite sur 10 kilog. de fécule

(1) La *macération* est une opération qui consiste à faire séjourner dans un liquide, à la température ordinaire de l'atmosphère, une substance que l'on veut affaiblir, ramollir ou détremper, ou dont on veut extraire le principe soluble.

mais en supprimant le houblon. Il obtint 100 litres
de bière blanche d'un goût qui approchait beaucoup
de celui de cette bière légère et pétillante, très famée
en Belgique et dans le nord de la France sous le nom
de bière de Louvain.

Pour parvenir à imiter plus parfaitement cette bière
de Louvain, pour laquelle nous sommes tributaires de
la Belgique, et que l'on consomme en quantité considérable dans nos départements contigus à ce pays, M. Dubrunfaut répéta l'expérience précédente, avec cette
seule différence qu'il ajouta, à l'ébullition, 1 kilog. de
miel roux de Bretagne, qui est à très bas prix dans le
commerce. Cette addition eut un succès complet.

Ce résultat suffira pour convaincre que l'on pourrait, avec les pommes de terre, confectionner des bières peu coûteuses, et qu'à l'aide de légères modifications, on pourrait par ce moyen imiter le goût de toutes
celles qu'on fabrique partout avec des grains.

Quant à l'application de ces moyens à la fabrication des bières économiques, utiles surtout à la classe
nombreuse d'ouvriers qu'emploie l'agriculture, elle
mérite une attention particulière de la part des écono-
mistes et des cultivateurs qui ne dédaignent pas d'a-
méliorer le sort de cette classe intéressante.

En effet, la pomme de terre et l'orge employées pour
cette fabrication se trouvent partout, elles ne sont
point chères, elles ne présentent rien d'insalubre, puisqu'elles constituent deux nouritures solides très saines;

et si l'on se trouvait dans des contrées où il n'existât point de brasserie pour se procurer du malt, il serait bien facile d'établir une touraille qui servirait pour tout un village.

L'orge crue, d'ailleurs, pourrait être employée à défaut d'orge maltée; le seigle même pourrait servir en le mélangeant avec de la courte paille.

Il ne serait pas nécessaire de faire ici une bière très limpide, il ne faudrait qu'une boisson légère et rafraîchissante. Il ne faudrait pas d'ébullition ni de concentration; le liquide produit par la macération pourrait être délayé dans une quantité d'eau plus ou moins grande suivant la force alcoolique qu'on voudrait donner à la bière; et l'on conçoit que, quelque faible qu'on la fît d'ailleurs, elle offrirait toujours une boisson plus saine que l'eau froide, à laquelle sont souvent réduits les ouvriers agriculteurs, dans les chaleurs ardentes de l'été. Le liquide pourrait donc être mis en fermentation sans autre préparation que celle dépendante de la macération; une petite quantité de levure de bière ou même de levain de boulanger suffirait pour la déterminer.

On opèrerait la clarification au moyen de la colle de poisson comme pour les autres bières.

Une râpe économique en tôle ou autre, que l'on confectionnerait à bas prix pour cet objet dans une même fabrique, servirait à diviser la pomme de terre crue, une petite cuve à double fond, comme celle

...

que nous avons décrite, page 207, servirait à la macération, et il ne faudrait point de presse pour isoler parfaitement le parenchyme de tout le jus qu'il retient; une planche placée sur cette pâte et chargée de poids, opèrerait un effet suffisant.

Après la fermentation, le parenchyme servirait à la nourriture des bestiaux.

On voit donc que les frais que les cultivateurs devraient faire pour cette acquisition précieuse, seraient de peu d'importance. Il leur faudrait uniquement une râpe et une petite cuve à double fond. Ils trouveraient le reste dans leurs fermes, comme vastes chaudrons et combustible pour faire bouillir l'eau, tonneaux pour la fermentation, les pommes de terre, les graines et la courte paille.

FERMENTATION ACIDE.

La fermentation acide succéderait immédiatement à la fermentation alcoolique, si, comme venons déjà de le signaler, l'on n'avait pas soin de soumettre le produit à la distillation, afin de séparer l'alcool des matières qui, en agissant sur lui comme ferment, désuniraient ses éléments et les ferait passer dans un autre ordre de combinaison.

En effet on obtient le vinaigre, qui n'est que de l'acide acétique (1) étendu d'eau, en abandonnant à la

____

(1) On connaît deux espèces principales d'acide acétique,

fermentation, le vin, la bière, le cidre et les autres liquides alcooliques. Ces liquides s'aigrissent par suite de
cette fermentation, et il se forme de l'acide acétique
aux dépens de l'alcool, qui subit à son tour une métamorphose complète. Mais cette transformation ne
peut s'opérer sans l'intervention de l'air et de quelque
ferment. Tout le secret de la fabrication du vinaigre
consiste donc à placer l'alcool dans une condition telle,
qu'il puisse absorber le plus d'oxygène possible, et à le
mettre en contact avec un ferment, si le liquide dans

l'une pure et concentrée, c'est à dire, contenant peu d'eau, et
qu'on nomme *vinaigre radical*, l'autre impure, c'est le vi-
naigre ordinaire. — L'acide acétique le plus concentré possible contient de l'eau; on n'est point encore parvenu à l'isoler
entièrement. A cet état, son odeur est forte et pénétrante, sa
saveur âcre et brûlante; il est miscible en toutes proportions
à l'eau, à l'alcool et à l'éther. Uni à l'alcool et soumis à une
préparation particulière, il forme l'éther acétique. Conservé
dans des flacons sur des cristaux de sulfate de potasse, l'acide
acétique prend le nom de *sel de vinaigre*, *sel anglais*, et l'on
s'en sert comme parfum ou comme moyen d'excitation dans
des cas d'évanouissement ou d'asphyxie. Sa volatilité, analogue à celle de l'éther, le rend propre à cet emploi. Combiné
avec différentes bases, il forme entre autres sels, l'*acétate de
cuivre*, connu dans le commerce sous le nom de *verdet*. On
se procure l'acide acétique concentré en distillant le vinaigre,
mais c'est principalement par la distillation sèche de l'acétate
de cuivre qu'on obtient le plus concentré. Un bon moyen aussi
d'avoir de l'acide acétique concentré consiste à faire congeler
le vinaigre de haut en bas, et à enlever de temps en temps la
croûte congelée.

lequel il se trouve n'en est pas pourvu naturellement comme le vin, par exemple; car l'alcool pur et même étendu d'eau ne s'acidifie pas quand il est seulement exposé à l'air; il faut le mélanger avec quelque matière organique, telle que l'orge germée, la levure de bière, le caséum, etc.

Mais ces deux conditions sont encore insuffisantes, il faut de plus une température convenable pour favoriser l'acétification des liqueurs alcooliques. Cette température peut varier de 20 à 35 degrés.

Voici ce qui se passe au sein de la fermentation acide :

L'alcool renferme, en volumes, 8 de carbone, 12 d'hydrogène et 2 d'oxygène. Dans certaines circonstances, il peut perdre quatre volumes d'hydrogène et donner ainsi naissance à un corps nouveau, à l'aldéhyde, qui renferme conséquemment 8 de carbone, 8 d'hydrogène et 2 d'oxygène. A son tour ce dernier corps absorbe deux volumes d'oxygène quand il est exposé à l'air, et produit ainsi l'acide acétique, qui est formé de 8 de carbone, 8 d'hydrogène et 4 d'oxygène.

Par une première action de l'oxygène, l'alcool est donc déshydrogéné en partie. Plus tard, il absorbe de l'oxygène et s'acidifie.

Ces résultats s'obtiennent dans tous les procédés relatifs à la fabrication du vinaigre.

Tout le monde s'accorde à reconnaître que les phénomènes de l'acétification s'accomplissent sous l'influence d'un ferment spécial qui se développe pendant la formation du vinaigre, et qui est propre à déterminer de nouveau cette acétification.

Ce ferment se trouve dans la matière muqueuse qu'on désigne sous le nom de *mère du vinaigre*; c'est cette masse mucilagineuse et gélatineuse qui se montre à la surface du vinaigre pendant la fermentation acide. Elle commence à paraitre quand le vinaigre se forme, et sa production se continue pendant toute la durée de l'acétification. Ce n'est d'abord qu'une pellicule composée de granules bien plus minces que les globules de la levure; le plus souvent ils sont disposés sans ordre. Plus tard la pellicule s'épaissit, prend de la consistance, montre des granules mieux arrêtés, et acquiert une disposition à se diviser en lanières.

L'acétification n'est pas le dernier terme de la décomposition des liqueurs alcooliques. Le vinaigre est lui-même très disposé à une nouvelle fermentation qui le dénature entièrement. Si on l'expose aux variations ordinaires de l'atmosphère, et surtout au contact de l'air, sa transparence se trouble, il s'y amasse une quantité considérable d'insectes (infusoires) que l'on nomme *mouches à vinaigre*; il prend une odeur de moisi, perd son acidité et laisse déposer beaucoup de flocons; enfin il se recouvre d'une pellicule épaisse et visqueuse, semblable à la *mère du vinaigre*.

On tue les mouches à vinaigre en faisant passer le vinaigre à travers un tuyau d'étain, tourné en spirale et entouré d'eau chauffée à 90 ou 100 degrés. Après qu'elles ont été tuées par la chaleur, on filtre le vinaigre pour le rendre limpide.

VINAIGRE (1).

Généralement c'est avec le vin qu'on prépare le vinaigre. Mais en Angleterre, où les vins ne sont pas produits par le sol, on ne consomme communément que du vinaigre provenant de la fermentation alcoolique puis acide du moût de malt ou de graines.

En Allemagne on fait aussi du vinaigre avec le moût de malt d'orge ou de froment, mais beaucoup plus avec le produit de la fermentation alcoolique de la fécule de pomme de terre.

En France, la plus grande partie du vinaigre se produit avec des vins plus ou moins avariés et qui ne trouveraient pas dans la consommation directe, un débouché plus avantageux. Cependant depuis une dixaine d'années, il s'est formé des fabriques où l'on fait de bon vinaigre au moyen des sirops de fécule, à des prix extrêmement modérés.

100 kilog. de malt d'orge peuvent donner 5 à 6

_____

(1) La connaissance et l'usage du vinaigre remontent à la plus haute antiquité ; mais, si les anciens connaissaient la manière de faire le vinaigre, ils ignoraient la cause qui l'engendre.

hectolitres de vinaigre ordinaire ; pour produire la même quantité, on emploie 2 hectolitres 2 tiers de pommes de terre.

Mais, disons-le, le vinaigre de vin est toujours préféré pour l'assaisonnement des mets, quand il provient surtout de vins de bonne qualité ; les substances que ceux-ci (1) contiennent naturellement en dissolution et qui n'existent dans aucune des matières précédentes, communiquent au vinaigre de vin un arome particulier, une saveur agréable, qu'on ne retrouve pas dans les autres. Cependant des vinaigriers parviennent à donner à ces derniers des qualités analogues, en y mêlant quelques unes des substances qui se trouvent dans le vinaigre de vin, par exemple, du tartrate acidule de potasse.

On prépare le vinaigre rouge avec du vin rouge, et le vinaigre blanc avec du vin blanc ou avec du vin rouge que l'on a laissé aigrir sur le marc des raisins blancs, mais beaucoup plus avec le sirop de fécule, le malt et le cidre.

La force du vinaigre dépend des quantités variables d'acide acétique qu'il contient.

Le vinaigre distillé n'a ni l'odeur ni la saveur fraiche et acide du vinaigre non distillé. Cela tient à ce que,

(1) Le vinaigre est formé d'eau, d'acide acétique, d'acide malique, de tartrate acidule de potasse, de tartrate de chaux, d'hydrochlorate de soude, de sulfate de potasse, d'une matière végéto-animale, d'une matière colorante et d'un peu d'alcool échappé à la fermentation.

dans l'état naturel, il renferme un peu d'éther acétique, qui se dégage dès le commencement de la distillation.

Le vinaigre du commerce est quelquefois falsifié par l'acide sulfurique, l'acide nitrique, l'acide chlorhydrique, ou par des matières végétales âcres, telles que le fruit du piment, le bois gentil, etc.

On emploie, pour faire tourner à l'acide les liqueurs alcooliques provenant du sirop de fécule, des procédés analogues à ceux que nous allons décrire pour l'acidification du vin.

Mais auparavant nous ferons observer que les vins récemment fabriqués s'acidifient plus difficilement que les vins d'ancienne date ; ils contiennent encore du sucre qu'il faut d'abord transformer en alcool. Les vins pauvres en alcool fermentent très rapidement, mais ne donnent que des vinaigres faibles. Les vins du midi de la France et des contrées méridionales, qui sont très spiritueux, s'acidifieraient fort difficilement, si on les employait tels quels.

A tous ces inconvénients, on peut apporter des remèdes.

Aux vins nouveaux, on ajoute un peu de ferment ou de levure de bière, qui ne tarde pas à exciter la fermentation et à la conduire à bon terme.

Aux vins pauvres en alcool, on ajoute soit de l'alcool, soit des matières sucrées, telles que mélasse, miel, sirop de fécule, etc.

On affaiblit les vins trop spiritueux en les étendant d'une suffisante quantité d'eau, chauffée préalablement pour que le mélange ne possède plus que le degré moyen des vins que l'on emploie ordinairement.

1er *Procédé.* Le plus ancien consiste simplement à mettre le vin à acidifier en contact avec du vinaigre déjà formé et à laisser la fermentation s'opérer lentement au contact de l'air à une température assez élevée. L'acide déjà existant active la fermentation du liquide alcoolique, et le mélange finit par ne plus contenir d'alcool.

Il faut que l'air puisse se renouveler facilement dans les vases où se fait l'acidification, et que la température ambiante soit maintenue à 30 degrés centigrades.

L'atelier où l'on opère la fermentation acide, est ordinairement un cellier où la température puisse se maintenir sans exiger une trop forte consommation de combustible; l'air y est facilement renouvelé par des ouvertures que l'on peut fermer à volonté; enfin un poêle en fonte sert à chauffer l'atelier.

Les vases que l'on emploie sont des futailles ordinaires, qui souvent ont déjà servi à contenir du vin, et qui sont percées, à leur partie supérieure, d'une ouverture de 2 pouces de diamètre, qu'on ne ferme jamais; elles contiennent de 210 à 230 litres; elles doivent être en chêne et solidement cerclées en fer. On dispose ces tonneaux sur des chantiers superposés, de manière à avoir trois ou quatre rangées de futailles les unes au dessus des autres. Cette disposition présente deux avantages : elle économise la place, et elle permet d'obtenir dans l'atelier une température plus uniforme. Les tonneaux étant placés sur chantier, comme nous venons de le dire, on les remplit au tiers de bon vinaigre bouillant, puis on ajoute 10 litres du vin que l'on veut acidifier. On laisse en repos une huitaine de jours et on ajoute 10 nouveaux litres de vin; cette addition a lieu encore deux fois aux mêmes intervalles de temps; huit jours après la dernière addition, tout le liquide contenu dans le tonneau est acidifié ; on retire alors les 40 litres que l'on a ajoutés, et on recommence les additions de vin.

On juge de la marche de la fermentation en plongeant dans la liqueur une douve qu'on retire aussitôt: quand le sommet mouillé de la douve sort chargé d'écume, c'est un signe que la *mère* travaille avec activité, et qu'il faut ajouter une plus grande quantité de vin; dans le cas contraire, on diminue la dose du vin, ou bien on prolonge les intervalles.

La température de 30 degrés, qui est nécessaire à la fermentation, doit être parfaitement uniforme dans toutes les parties de l'atelier, si on veut obtenir partout des résultats semblables.

2ᵉ *Procédé.* Le procédé précédent exige trente jours au moins et quarante-cinq jours au plus pour obtenir une acidification complète du vin. Cette lenteur provient principalement de ce que l'air, dont l'oxygène est nécessaire à la fermentation, ne se renouvelle pas facilement ni assez vite dans les tonneaux : l'air contenu dans la partie vide ne tarde pas à se dépouiller de son oxygène, et le liquide reste longtemps en contact avec les mêmes gaz.

On est arrivé, par un nouvel appareil, à produire du vinaigre en moins de 3 jours, en multipliant les points de contact entre l'air et le vin.

Cet appareil se compose d'un tonneau de 2 mètres de hauteur sur 1 mètre de diamètre posé de bout sur chantier ; le fond supérieur de ce tonneau est enlevé et remplacé par un couvercle fermant aussi hermétiquement que possible. A 15 ou 20 centimètres du couvercle, se trouve un fond percé d'un grand nombre de trous de quelques millimètres de diamètre, et supporté sur un cercle cloué sur le pourtour et à l'intérieur du tonneau. A chacun des trous du fond artificiel, on adapte un brin de ficelle de 15 centimètres de longueur, qui bouche en partie l'orifice.

C'est le long de ces ficelles que le liquide que l'on fait arriver entre le fond et le couvercle, suinte et va tomber goutte à goutte et très uniformément dans l'intérieur du tonneau et sur toutes les sections. L'intérieur du tonneau, c'est à dire, l'espace compris entre le fond inférieur et le fond artificiel, est rempli de copeaux minces de hêtre rouge. Le liquide qui tombe des ficelles se répand sur ces copeaux, présente à l'action de l'air une immense surface et ne tarde pas à s'acidifier.

L'air suit un chemin inverse, il entre dans le tonneau par des orifices percés sur tout son pourtour à quelques centimètres au dessus du niveau du liquide, lèche la masse de copeaux, traverse le fond artificiel au moyen de tubes qui débouchent au dessus du liquide alcoolique, et sort enfin du tonneau par une ouverture ménagée au couvercle, et qui sert en même temps à introduire le liquide à acidifier.

Un trop plein placé à la partie inférieure du tonneau ne doit pas laisser le liquide s'élever à plus d'un décimètre du fond.

Un premier passage dans le tonneau ne suffit pas pour obtenir une acidification complète; il en faut trois. Si l'emplacement de l'atelier le permettait, il serait donc bon de disposer les 3 tonneaux de chaque série en gradins. Dans le tonneau le plus élevé arriverait le liquide alcoolique; dans le tonneau inférieur coulerait continuellement le vinaigre fabriqué, au moyen du trop plein placé dans chacun des tonneaux supérieurs.

On peut surtout par le procédé que nous venons de décrire acidifier tel liquide alcoolique que l'on veut. En Allemagne, il est fort en usage pour la fabrication des vinaigres au moyen des eaux-de-vie de grains ou de pommes de terre.

Ce procédé est très expéditif, puisqu'au besoin on pourrait en 20 heures produire du vinaigre; mais, par

cette raison même, il présente un grave inconvénient.
L'énorme quantité d'air que l'on fait circuler à travers
le liquide entraîne toujours une notable proportion
d'alcool et même d'acide acétique. On éprouve donc
une perte dans le rendement. On réduirait cette perte
à bien peu de chose en fermant chaque tonneau d'un
couvercle à fermeture hydraulique. A ce couvercle serait adapté un tube de ferblanc qui conduirait l'air et
les vapeurs entraînées dans un serpentin condensateur
environné d'eau froide. Ensuite on mêlerait avec les
liqueurs à acidifier les vapeurs alcooliques condensées.

3e *Procédé.* On fait couler la liqueur acidifiable sur des
faisceaux de branchages, renfermés dans des tonneaux,
afin d'augmenter la surface mise en contact avec l'air.
La moitié supérieure des tonneaux est remplie de fagots
d'où la liqueur tombe en gouttes dans la partie inférieure; on la rejette sur les fagots avec un seau, et mieux
à l'aide d'une pompe, et on continue ainsi jusqu'à ce
que l'acidification soit achevée. Cette opération dure
ordinairement 15 à 20 jours.

— On peut, pour la simple consommation du ménage, pratiquer en petit les procédés précédents, mais
le suivant qui est depuis longtemps en usage, mérite
encore d'être suivi.

On achète un baril de vinaigre rouge ou blanc de la
meilleure qualité; on en tire quelques pintes pour la
consommation de la maison, et on le remplit aussitôt
par une égale quantité de vin bien clair et de la même

couleur; on bouche simplement le baril avec du papier ou du linge, appliqué légèrement sur l'ouverture, et on le tient à une température de 18 à 20 degrés. A mesure qu'on en a besoin, on soutire la quantité susmentionnée du vinaigre bien conditionné, sans qu'il s'y forme de marc ni de dépôt sensible. Il existe encore maintenant, dans beaucoup de ménages, du vinaigre dont la première fondation remonte au delà de 50 ans, et qui est encore excellent.

Clarification. Si le vinaigre fabriqué est trouble, on le filtrera sur des copeaux de hêtre tassés dans une cuve fermée, de la contenance de 30 à 35 litres. Il faut d'ailleurs avoir soin de n'employer que du vin parfaitement clair, autrement on devrait lui faire subir préalablement la même manipulation.

— Pour clarifier le vinaigre, il suffit même d'y verser un verre de lait bouillant pour 25 litres de vinaigre, et d'agiter pour bien opérer le mélange; le dépôt ne tarde pas à se faire. Le vinaigre prend aussi une couleur paille, et acquiert même une odeur très agréable; quoique moins complètement, des râfles de raisins blancs desséchés produisent sur le vinaigre un effet semblable.

On peut au reste clarifier le vinaigre en le filtrant par les moyens ordinaires.

Conservation. Le meilleur moyen de conserver le vinaigre consiste à le tenir à l'abri de toute influence de l'air extérieur, dans des vases propres et bien bouchés; à le placer dans un lieu frais, et surtout à ne jamais le laisser en vidange. Le plus léger dépôt suffit pour le détériorer; aussi quand on s'aperçoit de la formation du dépôt, on doit clarifier le vinaigre au plus tôt et le transvaser.

Le procédé de conservation suivant peut être pratiqué pour la provision du ménage. Il consiste à renfermer le vinaigre dans des bouteilles de verre, et à exposer celles-ci pendant un quart d'heure à l'action de l'eau bouillante; après ce temps, le vinaigre peut se conserver des années entières avec le contact de l'air, comme dans des vaisseaux à moitié pleins. Sans doute que la chaleur coagule ou dénature le ferment qu'il contient, mais aussi elle dissipe un peu du principe aromatique du vinaigre.

Vinaigres parfumés.

Pour rendre le vinaigre plus agréable, on le charge de la partie odorante et sapide des plantes.

Il faut d'abord que les plantes aromatiques dont on veut se servir aient été mondées, divisées, et épuisées de leur humidité surabondante par une dessiccation forte et prompte; autrement leur eau de végétation passerait bientôt dans le vinaigre en échange de l'acide que celui-ci leur fournirait, ce qui diminuerait sa force et l'exposerait à s'altérer. Il faut aussi que les plantes y séjournent le moins de temps possible. Quand une fois l'acide s'est emparé de tout ce qu'il peut en extraire, il n'y a pas un moment à perdre pour les séparer, par la raison qu'elles réagiraient sur cet acide comme la lie sur le vin, et le décomposerait.

Le vinaigre blanc doit être employé de préférence pour la préparation des vinaigres composés.

Voici les recettes pour la préparation de quelques uns de ces vinaigres.

Vinaigre framboisé. On met dans une cruche autant de framboises mûres et bien épluchées qu'elle peut en contenir; on verse par dessus 2 à 3 pintes de vinaigre; et, après 8 jours de macération au soleil, on jette le vinaigre et les framboises sur un tamis de crin; la liqueur, passée sans expression, claire et saturée de l'arome du fruit, est distribuée dans des bouteilles, avec la précaution d'ajouter une couche d'huile.

Vinaigre d'estragon. Après avoir épluché l'estragon, on l'expose quelques jours au soleil; quand il est fané et non séché, on le met dans une cruche, que l'on remplit de vinaigre; on laisse le tout en macération pendant 15 jours. Au bout de ce temps, on décante la liqueur, on exprime le marc et on filtre, soit au coton soit au papier gris, pour être mis dans des bouteilles, qu'on tient bien bouchées et dans un endroit frais.

Vinaigre surare. On choisit des fleurs de sureau au moment de leur épanouissement; on les épluche en ne laissant aucune partie de la tige, qui donnerait de l'âcreté; on met ces fleurs à demi-séchées dans le vinaigre et on expose la cruche bien bouchée à l'ardeur du soleil pendant deux semaines; on décante ensuite, on exprime et on filtre comme pour le vinaigre framboisé.

Si on laissait le vinaigre surare sur son marc sans le passer, pour s'en servir au besoin, loin d'avoir plus de qualité, il se détériorerait bientôt. Il convient donc d'en séparer le marc et de distribuer la liqueur dans des bouteilles.

Vinaigre rosat. On met infuser dans le vinaigre au soleil, pendant une semaine, des roses effeuillées. Après avoir eu soin de bien exprimer le marc, on filtre la liqueur et on la distribue dans des bouteilles qu'on bouche parfaitement.

EMPLOIS DIVERS
de la pomme de terre et de ses produits
Dans l'Économie domestique, l'Industrie, les Arts et la Médecine.

Nous avons fait connaitre les principaux emplois de la pulpe de pomme de terre, et les nombreux et utiles produits qui résultent de ses transformations. Il nous reste à indiquer les autres usages que l'on fait des uns et des autres dans l'économie domestique, l'industrie, les arts et la médecine.

Dans l'économie domestique.

Pulpe. Nous avons vu, page 113 et suivantes, son emploi dans l'alimentation des hommes et des animaux domestiques.

Fécule. Nous avons dit qu'elle peut être employée dans la fabrication du pain ; qu'on fait avec elle des gâteaux, des biscuits et autres pâtisseries légères.

Elle peut entrer également dans la fabrication du biscuit de mer.

Dextrine. On fait entrer la dextrine, réduite en farine, dans la confection du pain, des potages et de toutes les pâtisseries. Elle y est d'un goût agréable. D'une digestion plus complète et plus facile que la fécule, elle convient particulièrement aux estomacs faibles ou malades.

Sirop. Le sirop de fécule s'emploie dans la préparation des compotes, des fruits à l'eau-de-vie, de certaines liqueurs, etc.

Alcool. L'alcool de pomme de terre, débarrassé de l'huile essentielle qu'elle a reçue de la fécule, et qui lui donne une odeur empyreumatique, sert, comme l'alcool du vin, à faire de l'eau-de-vie, et entre dans la préparation des liqueurs spiritueuses.

Vinaigre et Bière. Tout le monde connait l'usage du vinaigre et de la bière dans l'économie domestique.

Dans l'industrie et les arts.

Fleurs. Les propriétés tinctoriales de la fleur de la pomme de terre furent découvertes en 1794 par M. Dambourney, négociant à Rouen. En faisant cuire pendant une heure et demie, dans une pinte d'eau, trois onces de feuilles vertes et de tiges fleuries avec du thé vers la fin du mois d'août, il se procurait un beau jaune citron. En opérant sur un gros de laine, il l'imprégnait d'un mordant composé d'un quart d'acide nitrique et de trois quarts d'acide hydrochlorique tenant en dissolution un seixième d'étain, la faisait bouillir avec un gros d'écorce de bouleau et un demi-gros d'alun, pendant six minutes, et la plongeait ensuite dans le bain presque bouillant, où il la laissait trois quarts d'heure. — Le procédé suivant a également réussi : On coupe des feuilles et des tiges avec leurs fleurs, on les écrase et on en exprime le suc. Un morceau de toile ou d'étoffe de laine trempé dans ce suc pendant 48 heures, prend une couleur jaune solide. Si l'on plonge ensuite cette étoffe dans une teinture bleue, elle acquiert une belle couleur verte.

— Le liquide qu'on obtient de la pomme de terre en la soumettant à l'action de la presse, donne, après son ébullition, une belle couleur grise inaltérable.

Tubercules. On emploie les pommes de terre pour empêcher les incrustations séléniteuses de se former dans les chaudières destinées à la production de la vapeur. Cette application est utile, non seulement pour retarder l'altération des chaudières, mais encore pour prévenir les explosions. Le moyen consiste à introduire dans la chaudière, avant d'allumer le feu, des pommes de terre coupées par quartiers (environ 15 à 20 kilog. pour une machine de 20 chevaux). La chaudière peut alors fonctionner pendant 15 jours au moins et un mois au plus, suivant que l'eau est plus ou moins chargée de sel calcaire, sans qu'on ait d'accidents à craindre. Au bout de ce temps, on laisse refroidir le fourneau pendant 8 ou 10 heures, on vide l'eau bourbeuse contenue dans la chaudière, et l'on rince celle-ci avec une petite quantité d'eau claire. On peut alors recommencer à la faire fonctionner pendant le même laps de temps, après y avoir introduit autant de pommes de terre que la première fois.

— La pomme de terre cuite et réduite en bouillie,

gâchée avec le plâtre, dans la proportion d'un dixième environ, forme avec lui un enduit qui résiste bien aux influences de l'air humide et des efflorescences salines.

— On fait un badigeonnage ou une peinture en détrempe très économique avec de la pomme de terre cuite, épluchée, réduite en bouillie et délayée avec du blanc d'Espagne, dans la proportion d'un tiers du volume de celui-ci. On peut ajouter au liquide des ocres rouges ou jaunes, du noir de charbon, etc., pour lui communiquer diverses teintes. On l'applique avec la brosse, et l'on en met deux ou trois couches sur les murailles.

— On peut se servir de la pomme de terre pour remplacer le savon dans le blanchissage du linge. On empâte les parties sales en les frottant avec de la pomme de terre épluchée et modérément cuite. Ce procédé est prompt et économique. Dans l'espace de deux heures, on peut porter au plus haut degré de pureté le linge le plus sale, le plus infect. La pomme de terre a l'effet d'un mucilage qui, en empâtant les impuretés du linge, les rend plus solubles dans l'eau. Ce mode de blanchissage est d'autant plus avantageux qu'il ne nécessite point l'emploi des brosses ou autres instruments destructeurs des filaments des toiles.

— On emploie aussi le liquide contenu dans la pomme de terre pour nettoyer diverses étoffes, et particulièrement les tissus de coton, de laine et de soie.

— Dans la fabrication de la soude, les tubercules donnent des sels convenables pour le blanchiment, et qui rendent cette soude préférable à celles que nous tirons à grand prix de l'étranger.

Fécule. La fécule entre dans la fabrication des pâtes faites avec les farines de gruau et de froment ; elle ajoute à leur légèreté et à leur qualité digestive.

— Elle est employée à l'apprêt des étoffes de coton, à l'encollage des chaînes, dans le tissage.

— On s'en sert pour l'encollage des papiers, et elle peut entrer dans leur fabrication à raison de 10 pour 100 du poids des chiffons.

— Une légère torréfaction la rend soluble dans l'eau ; elle acquiert alors beaucoup d'analogie avec la gomme, et peut suppléer celle-ci dans presque tous ses emplois dans les arts.

Sirop. Lorsque l'orge et les graines céréales sont à un prix un peu élevé, l'emploi du sirop de fécule présente, comme nous l'avons indiqué, des avantages marqués aux brasseurs.

— On peut aussi, lorsque le miel et la mélasse sont chers, substituer à ces substances le sirop de fécule dans la fabrication du pain-d'épice, et peut-être aussi dans la nourriture que l'on donne l'hiver aux mouches à miel.

— Le sirop de fécule a été appliqué avec succès et avec une économie marquée à la préparation d'un cirage pour les chaussures. Dans cette opération, l'acide sulfurique, employé à la saccharification de ce sirop, est aussi utile pour réagir sur le noir d'ivoire.

Dextrine. On fait entrer la dextrine, réduite en farine, dans la confection du chocolat.

Le sirop de dextrine peut servir au gommage des couleurs, à l'apprêt des toiles à tableaux. Susceptible de plus d'adhérence, de plus de fluidité, et plus diaphane que la dextrine non sucrée, il s'emploie seul ou mélangé avec elle dans l'épaississage des mordants, dans la confection des feutres, des rouleaux d'imprimerie, des tampons à timbre, dans l'application des peintures sur papiers-draps, et supplée avec avantage les gommes indigènes et exotiques dans un grand nombre de circonstances.

En médecine.

Pulpe. La pulpe fraîche de pomme de terre est un excellent antiphlogistique, qui a la propriété, mieux que l'eau fraîche, de soustraire le calorique de la plaie faite par la brûlure. L'expérience nous a prouvé que, dans le plus grand nombre des cas, elle arrête complètement l'inflammation, quand on a soin de renouveler le cataplasme de pulpe aussitôt qu'il s'échauffe; elle prévient ainsi les phlyctènes ou vésicules. Ce remède, qui est économique et facilement praticable, produit promptement son effet. Il n'est pas assez recommandé. La pomme de terre ne doit peut être pas seulement son efficacité à ses propriétés réfrigérantes, mais encore à quelque action chimique d'un ou plusieurs de ses éléments constitutifs. Aussitôt que l'accident est arrivé, il faut se hâter de râper un tubercule avec une râpe à sucre, ou simplement avec un couteau. Si la brûlure est profonde et ailleurs que sur le ventre et la poitrine, on peut toujours employer sûrement ce topique en attendant l'arrivée du médecin. — Nous ne connaissons qu'un seul cas où la pulpe ne puisse être appliquée sur une brûlure, c'est celui où celle-ci a été produite par un caustique, comme la potasse, la chaux, etc. On conçoit qu'alors il pourrait être nuisible de se servir d'une substance aqueuse, qui favoriserait la fonte et l'expansion du caustique. Dans cette circonstance, on se sert ordinairement d'un corps gras, tel que l'huile, le beurre, le cérat.

— La pulpe fraîche, obtenue par les mêmes moyens, peut également être employée en cataplasme pour calmer les ardeurs des engelures non encore ouvertes. On l'applique sur les mains et sur les pieds avant de se coucher. Elle a même souvent pour effet d'arrêter le mal à son origine.

— La pomme de terre cuite réduite à l'état pâteux avec un peu de lait, est employée comme émollient pour les engorgements et les abcès.

— L'usage alimentaire de la pomme de terre est, dit-on, un excellent moyen thérapeutique contre le scorbut. Les marins qui ont voyagé dans les Indes, assurent que les indigènes, en s'embarquant, ne manquent jamais de s'approvisionner de tubercules, pour s'en servir à la fois comme aliment et comme préservatif contre le scorbut.

Fécule. On l'emploie en médecine comme adoucissant ou résolvant. On l'applique en cataplasme sur les engorgements; on la donne en lavement dans les diarrhées.

Dextrine. On fait entrer la dextrine dans la composition des boissons pectorales, stomachiques, etc. On l'emploie à l'intérieur avec un grand succès contre les affections des intestins.

Alcool. L'alcool est aussi très efficace dans les cas de brûlure, et nous avons vu qu'il est un des produits de la fermentation de la pomme de terre. On fomente la partie brûlée avec cette liqueur, puis on la couvre avec des linges qui y ont été trempés; on a soin de les renouveler aussitôt qu'ils commencent à sécher. L'alcool, se vaporisant promptement, enlève le calorique qui s'est insinué dans le tissu de la partie affectée. On sait que tout corps qui passe de l'état liquide à l'état de vapeur absorbe du calorique des corps environnants. Ce remède était employé avec beaucoup de succès par le célèbre docteur Sabatier dans les brûlures du second degré. Il peut être pratiqué quelle que soit la partie du corps qui ait été lésée.

— On se sert aussi de l'alcool contre les engelures. On l'emploie en lotions pur ou mêlé avec une faible quantité d'acide muriatique; ou bien, après en avoir étendu avec une éponge fine ou un pinceau de blaireau sur le siége du mal, on y met le feu.

Vinaigre. Le vinaigre est antiphlogistique ; étendu d'eau, on le donne en boisson, dans certaines cas, pour éteindre la soif et apaiser les inflammations.

— Dans l'état de santé, on l'emploie même comme simple rafraichissant.

— Pris à dose convenable dans beaucoup d'eau, il provoque la sueur et favorise la sécrétion de l'urine.

— Une chose remarquable, c'est que, quoiqu'il provienne de l'alcool, son action est opposée à celle du vin et de l'alcool. En effet, il est reconnu comme un des meilleurs remèdes contre l'ivresse ; en Angleterre, on n'en emploie pas d'autres, et toujours l'ivresse se dissipe avec une promptitude remarquable.

— Le vinaigre passe, depuis l'antiquité, pour un excellent antidote de l'opium.

— On l'applique en lotions, à l'extérieur, contre les hémorrhagies.

— Dans les cas de défaillance, on le fait respirer aux malades.

— On l'a administré avec succès contre l'hydrophobie, la folie, le suppression des règles, les hémorrhagies de l'utérus, etc.

— Dans l'état de santé, le vinaigre pris à jeun pendant un certain temps fait maigrir, et cet amaigrissement peut se terminer par le marasme et la mort.

FIN.

TABLE

DES MATIÈRES.

—

A

pose de carbonate de chaux (pierre calcaire). Il se trouve à l'état de carbonate de potasse ou de soude dans les cendres des végétaux. On obtient facilement de l'acide carbonique en versant, par exemple, de l'acide nitrique ou sulfurique sur de la craie ou de la pierre calcaire; aussitôt que ces corps sont en contact, une vive effervescence a lieu, et l'acide carbonique se dégage à l'état de gaz. C'est en recueillant ce gaz dans de l'eau où il se dissout, que l'on produit des eaux gazeuses artificielles. L'acide carbonique existe dans le vin de Champagne, dans la bière et dans tous les liquides mousseux. (*Voyez* note 2, page 61.)

AIR. L'air est un fluide pesant, élastique, inodore, sans saveur. C'est sa masse qui constitue l'atmosphère. Il est formé principalement de 79 parties de gaz azote, de 21 d'oxygène et d'une très petite quantité d'acide carbonique, 4 dixièmes de partie environ. Il s'y trouve en outre une plus ou moins grande quantité de vapeur d'eau, du fluide électrique et plusieurs matières qui se volatilisent journellement à la surface de la terre. L'air est 770 fois plus léger que l'eau. Un litre d'air pèse 1 gramme 2986 dix-millièmes de gramme. — L'oxygène de l'air sert surtout à entretenir la respiration des animaux, et son acide carbonique, la végétation des plantes : les animaux absorbent l'oxygène, qui convertit, dans les poumons, le sang veineux en sang artériel, et restituent à l'atmosphère l'autre partie de l'air inspiré, avec une plus grande quantité d'acide carbonique; les plantes, après avoir absorbé l'acide carbonique, le décomposent, retiennent le carbone qu'elles s'assimilent, et dégagent l'oxygène. — On peut établir en principe que, dans les végétaux ainsi que dans les animaux, ce qui constitue la vie, c'est l'air, l'eau, la chaleur et les mouvements que ces fluides y entretiennent. L'absence de l'air surtout est une cause de mort. — La végétation a la propriété de restituer pur à l'atmosphère l'air corrompu, méphétique et souvent mortel, dans lequel les végétaux vivent. On ne peut conserver ou restituer à l'atmosphère sa salubrité qu'à l'aide des grands végétaux. Ce sont eux aussi qui, pompant l'humidité de l'atmosphère, la reportent dans le sein de la terre et y entretiennent les sources. — On trouve de l'air en grande quantité dans les parties les plus intimes des plantes. C'est par les racines et les feuilles qu'il pénètre dans leurs vaisseaux; l'importante fonction des feuilles est surtout d'inspirer et d'expirer l'air : leurs surfaces sont criblées de pores qui correspondent à des vésicules et à des trachées (sortes de vaisseaux en spirale) qui sont, pour ainsi dire, les poumons à l'aide desquels les plantes respirent. — Une des propriétés les plus remarquables de l'air, c'est celle de dissoudre l'eau à un certain degré de température, et de l'abandonner lorsque cette température baisse : de là l'évaporation, les brouillards, les nuages, les pluies, etc. — C'est le *baromètre* qui indique avec le plus de certitude la pesanteur de l'air ; et, comme cette pesanteur tient ordinairement à la quantité d'eau dont il est chargé, ou à la force du vent qui le comprime dans tel ou tel canton, cet instrument annonce le plus souvent la pluie ou le vent, lorsque le mercure descend dans le tube dont il est formé. — L'air doit être souvent renouvelé dans tous les lieux fermés où des animaux et des hommes habitent, puisque l'oxygène de cet air, consumé par leur respiration, est remplacé par de l'acide carbonique, et que son azote devient plus abondant ; de plus, les émanations des corps, même les plus sains, forment des miasmes nuisibles. (*Voyez* Atmosphère.)

ATMOSPHÈRE. L'atmosphère est la masse de l'air autour de la terre. On a calculé que sa hauteur est d'environ 60 mille mètres à partir du niveau de la mer. Au delà de cette limite règnent un froid et une obscurité éternels, car la chaleur et la lumière ne se développent que dans l'atmosphère. La densité de celle-ci va en décroissant, et finit par se confondre avec celle du fluide interplanétaire appelé *éther*. L'atmosphère n'est pas indépendante du globe terrestre ; elle y adhère en vertu de sa pesanteur et l'accompagne dans sa révolution autour du soleil. Son poids est égal à une colonne d'eau de même diamètre et de 32 pieds de haut, ou a une colonne de mercure de 76 centimètres (28 pouces). Chaque pied carré de surface de la terre supporte un poids

égal à celui de 32 pieds cubes d'eau (1,120 kilog.).
Le corps d'un homme supporte ainsi continuellement un
poids d'environ 16,800 kilog., Si nous ne sentons pas le
poids de l'air, c'est que nous sommes pénétrés par ce
fluide élastique jusque dans les parties les plus intimes de notre corps; nous sommes, pour ainsi dire,
plongés dans l'air comme une éponge dans l'eau. De
sorte que chacune de nos fibres, par exemple, se trouve
maintenue par l'air qui l'environne et qui la presse également sur tous les points. Il n'y a vraiment de pression
que lorsqu'on enlève l'air sur un point, puisque, dans
ce cas, l'on supprime la résistance d'un côté. — La température décroît à mesure que l'on s'élève dans l'atmosphère; les neiges éternelles qui couvrent le sommet
des hautes montagnes en sont la preuve. — Le vent
est dû à un mouvement plus ou moins rapide d'une
masse d'air, qui se transporte d'un lieu à un autre suivant une direction déterminée.

B

C

fait partie de la composition de tous les corps. Ses caractères principaux sont de se mouvoir sous la forme de rayons lorsqu'il est libre, de dilater les corps, de les échauffer, et d'y déterminer des effets inverses lorsqu'il les abandonne. Les corps solides sont ceux qui en renferment le moins, et les gaz en renferment le plus : il est logé dans les interstices qui séparent les atômes les uns des autres, et il devient libre lorsque ceux-ci se rapprochent brusquement. Les principales sources du calorique sont le soleil, les combustions et les combinaisons chimiques.

parvenu à liquéfier. Il est le plus léger de tous les gaz connus ; il est 14 fois et demie environ plus léger que l'air. Combiné avec la moitié de son volume de gaz oxygène, il constitue l'eau. A raison de sa légèreté, on l'emploie pour remplir les ballons aréostatiques. (*Voyez* aussi note 2, page 61.)

I

L

M

N

O

OXYGÈNE. L'oxygène est un corps simple, gazeux, incolore, inodore, insipide, un peu plus pesant que l'air, et susceptible de faire brûler avec une flamme tres

intense les corps qui présentent à peine quelques
points en ignition. On n'est point encore parvenu à le
liquéfier. De tous les gaz, il est le seul qui, à l'état
de pureté, puisse être respiré sans danger pour la
vie; il est même indispensable à la respiration, car la
vie s'éteint dès l'instant où les animaux sont plongés
dans une atmosphère qui ne contient pas d'oxygène
libre. L'oxygène est de tous les corps le plus répandu dans la nature; on l'y rencontre à l'état de
liberté ou de mélange, et à l'état de combinaison.
Dans le premier état, il existe dans l'air; les végétaux fournissent une grande quantité d'oxygène en
décomposant, sous l'influence de la lumière, le gaz
acide carbonique. A l'état de combinaison, presque
toutes les substances végétales et animales en contiennent. Il est susceptible de se combiner avec tous les
corps simples connus. Il existe dans beaucoup d'acides, dans tous les oxydes et dans presque tous les
sels. Les oxydes des métaux (rouilles, chaux de métaux) sont des combinaisons d'oxygène avec un mé-
tal. (*Voyez* note 2, page 61.)

P

Q

R

S

T

V

Z

FIN DE LA TABLE.

www.ingramcontent.com/pod-product-compliance
Lightning Source LLC
LaVergne TN
LVHW052013060726
842528LV00002B/497